고양이
클리커 트레이닝

고양이

칭찬으로 문제행동 수정하기

클리커 트레이닝

NAUGHTY NO MORE

지은이 **마릴린 크리거** ㅣ 옮긴이 **김소희** ㅣ 감수 **서울대학교 수의과대학 교수 신남식**

페티앙북스

일러두기

· training은 주로 교육 또는 트레이닝으로 번역했다. 문맥에 따라 훈련으로 번역하기도 했다.
· 전문용어가 많아 매끄러운 번역이 어려운 경우 그대로 외래어를 사용했다. 전문용어는 알기 쉽게 굵은 글씨로 표시했다.

고양이도 개처럼
교육시킬 수 있다

20여 년째 고양이행동컨설턴트로 일하면서 가장 힘들었던 점은 '고양이도 교육이 가능하다'는 것을 사람들에게 납득시키는 일이었다. 사람들은 개는 교육이 잘되지만 고양이는 그들만의 정신세계를 가진 다룰 수 없는 동물이라고 입을 모은다. 그 결과, 그야말로 수없이 많은 고양이가 행동문제로 인해 버려지거나 보호소로 넘겨져 안락사 된다. 놀랄 만큼 '훈련' 가능함에도 불구하고 고양이가 겪고 있는 이 불공평한 대우를 생각하면 슬프기 그지없다. 이 아름답고 지적인 생명체는 의사소통하기도 너무 쉽고 동기부여하기도 쉽다. 올바른 방법만 사용한다면 말이다.

조작적 조건형성operant conditioning, 즉 클리커 트레이닝clicker training은 미래의 행동문제를 예방하고, 보호자와 고양이의 유대감을 향상시키며, 현재의 행동문제도 해결해주는 최고의 만능열쇠다. 클리커 트레이닝을 사용하면 고양이와 보호자 모두 사고방식이 긍정적으로 바뀐다. 고양이의 욕구도 충족시켜주면서 동시에 좋은 행동도 하게 만들 수 있다.

고양이의 문제행동은 얼마나 심각하건 간에 모두 목적이 있는 행동이다. 동물은 아무 기능도 없는 행동은 반복하지 않는다. 조작적 조건형성을 사용하고, 이 책이 이끄는 대로 따라가면 그 문제행동이 어떤 욕구를 채워

주고 있는지, 즉 그 행동의 '대가'가 무엇인지 파악할 수 있고, 그보다 더 바람직한 대안을 고양이에게 제시하고 고양이가 그 대안을 선택할 때 보상을 해주면 행동문제를 쉽게 해결할 수 있다. 이것이 바로 클리커 트레이닝의 기본 원리다.

고양이와 보호자 모두에게 재미까지 주는 것은 덤이다. 역효과를 주는 강압적 훈련법이나 처벌 때문에 부담스럽고 긴장감 느껴지던 관계가 끝나고 다시 고양이와 행복감을 느끼고 있는 자신을 발견하게 될 것이다. 고양이도 다시 우리를 좋아하고 우리와의 삶을 즐기게 되는 것은 두말할 필요도 없다. 애초에 우리가 원했던 관계로 되돌아갈 수 있다. 클리커 트레이닝은 재미로 위장한, 과학적 학습 원리에 기반을 둔 진지한 행동 수정 기법이다. 고양이와 사람 모두가 득을 얻는 행복한 상황을 만들어준다.

사실, 클리커 트레이닝은 고양이를 위한 새로운 개념이 아니라 원래 개에게 사용되는 인기 있는 트레이닝법이다. 고양이 행동 전문가들은 클리커 트레이닝이 고양이과(科) 동물에게도 얼마나 효과적인지 잘 알지만 일반 고양이 보호자들에게는 여전히 생소하다. 일단 배우고 나면 수많은 문을 열 수 있는 만능열쇠를 거머쥔 기분이 들 것이다. 그야말로 막강하다!

고양이를 위한 클리커 트레이닝은 개를 위한 클리커 트레이닝만큼 잘 알려지지 않았기 때문에 지금까지는 고양이 보호자들을 위한 믿을 만한 정보가 거의 없었던 것이 사실이다. 이제 이 책이 고양이의 행동을 향상시키기 위한 튼튼한 토대를 제공해줄 것이라 믿어 의심치 않는다. 자, 마릴린 크리거가 안내하는 클리커로 고양이 행동을 도울 수 있는 세계로 들어가보자.

前 동물행동컨설턴트 협회 부회장
공인 동물행동컨설턴트
Pam Johnson-Bennett

'고양이는 훈련이 불가능하다'는
오해가 고양이를 죽음으로 내몬다

나는 참호 속에서 이 책을 썼다. 책에 등장하는 모든 고양이 행동문제가 내가 실제 겪은 것들이다. 저마다 다른 행동문제를 가지고 있었던 내 고양이 및 내 클라이언트의 고양이들 덕분에 직접 적용해보며 효과 좋은 행동문제 해결법을 발전시킬 수 있었다. 이 책에 가득한 추천 사항 및 클리커 트레이닝 해결법은 클라이언트 및 내 고양이에게 모두 성공적으로 사용된 것들이다.

책에서 나의 작은 아인슈타인들이 저지른 온갖 기행들이 소개되겠지만, 이런 갖은 말썽을 부리는 똑똑한 고양이들과 함께 살다 보니 절로 이 책에 대한 영감이 떠올랐다. 하지만 그보다 더 큰 이유는 '고양이는 훈련이 불가능하다'는 너무 만연해있는 무서운 오해 때문이었다.

예부터 지금까지 대중문화 속 고양이는 자기만의 방식대로 행동하는 동물로 묘사되어 왔다. 일단 고양이가 바람직하지 않은 행동을 반복적으로 하기 시작한 이상 그 행동은 없앨 수 없다는 것도 그중 하나다. 최근 한 유명 TV 아침 프로그램에서 개와 고양이를 비교하는 것을 보았다. 사회자는 고양이는 절대 사람 말을 듣지 않고 그들이 하고 싶은 것만 하며 그래서 그들을 훈련시키는 것은 불가능한 일이라고 결론지었다. 불행히도 이런 잘못된 판단이 고양이를 보호소로 보내고 결국 안락사에 이르게 하는 비극을 초래한다. 부적절한 배변, 공격성, 가구 스크래칭 같이 충분히 해결 가능한 문제들 때문에 말이다. 함께 살기에 분명 유쾌한 행동은 아니지만 클리커 트레이닝, 행동 수정, 그리고 간단한 환경관리법을 함께 사용하면 모두 다 없앨 수 있는 행동이다.

학습 이론에서 탄생한 칭찬 교육, 클리커 트레이닝

클리커 트레이닝은 동물이 적절한 활동이나 행동을 하면 보상을 주는 조작적 조건형성이라는 과학적 학습 이론을 근거로 하는 효과적인 교육 시스템이다. 이 과정은 고양이를 비롯한 모든 동물은 긍정적인 결과나 보상이 즉각적으로 주어지는 행동은 의도적으로 반복하는 경향이 있다는 과학적으

고양이 클리커 트레이닝

로 증명된 원리를 이용한다. 도구, 즉 클리커가 지금 하고 있는 행동이 올바르다는 사실을 알려주는 역할을 하기 때문에 고양이는 하고 있는 행동이 맞다는 것을 정확히 이해한다.

클리커 트레이닝의 1단계는 먹이 보상 같이 고양이가 좋아하는 것과 클릭 소리 간에 연관을 형성하는 것이다. 연관이 형성되고 나면 고양이는 클릭 소리가 나는 순간 자기가 무얼 하고 있든 간에 그것이 좋은 일이라는 것을 알게 된다. 조작적 조건형성과 클리커 트레이닝의 과학과 역사에 대해서는 1장에서 조금 더 다룬다.

클리커 트레이닝을 다른 긍정적 테크닉들과 병행하면 그야말로 수많은 문제를 해결할 수 있다. 원치 않는 행동을 허용 가능한 행동으로, 그리고 고양이로서는 더 재미있는 행동으로 바꿔준다. 게다가 클리커 트레이닝은 고양이의 안정감을 높여주고 보호자와 고양이 간의 유대감, 신뢰, 애정을 형성하고 강화해준다. 또 고양이에게 정신적인 자극을 주고 도전의식을 불러일으키는 추가적 혜택도 얻을 수 있다. 이 모든 것이 '벌' 없이 가능하다.

나는 벌을 받는 동물들 이야기를 들으면 기분이 정말 끔찍해진다. 너무 많은 사람이 고양이의 행동을 바꾸려고 때리고, 소리치고, 강압적으로 대하는 등 두려움을 일으키는 벌을 사용한다. 하지만 벌은 원치 않는 행동을 오히려 더 악화시키고 또 다른 문제행동을 만들 가능성이 높을 뿐만 아니라 고양이가 보호자를 기피하게 만든다. 이 책에 나오는 긍정적인 방법들이 벌보다 훨씬 더 효과가 뛰어나고, 그 효과도 장기적으로 지속되며, 게다가 재미있기까지 하다.

고양이의 모든 문제행동은 우리 반응 및 환경과 관련 있다

왜 고양이는 우리가 원하지 않는 행동을 하는 걸까? 어느 날 갑자기 이제부터 우리가 싫어하는 행동을 하겠다고 마음먹는 걸까? 또, 이런 행동을 바꾸기 위해 우리는 무엇을 할 수 있을까? 2009년, 나는 동물 행동 학자들에게 행동학 기초를 가르치는 매우 존경받는 행동 분석가, 수전 프리드먼^{Susan} ^{Friedman} 박사의 강의에 참석하는 멋진 행운을 얻었다. 그녀는 동물은 무작위로 행동하지 않는다고 지적했다.

"동물의 행동은 반드시 우리가 관리하는 환경과 관련 있습니다. 그들의 보호자로서 우리가 할 일은 올바른 행동을 하는 것이 나쁜 행동을 하는 것보다 더 쉽도록 그리고 더 많은 보상을 받을 수 있도록 환경을 정리해주는 것입니다."

모든 동물이 그렇듯 고양이의 모든 행동에는 반드시 원인이 있다.▼ 우리가 나쁘게 인식하는 행동도 고양이의 주변 환경 속에 있는 자극 또는 뭔가에 대한 반응이기 쉽다. 좋은 소식은 우리는 고양이의 환경을 관리할 수 있고 벌을 주지 않고도 부적절한 행동을 바꾸거나 없앨 수 있다는 것이다.▼

하지만 고양이가 소파에 오줌을 싸는 이유를 알았다고 해서 그 행동이 용납되지도 않고 문제가 해결되지도 않는다. 이 책은 보호자들이 왜 고양이가 불유쾌한 행동을 하는지 통찰력을 갖게 해주고, 그런 다음 그 행동을

▼ 고양이가 이른 새벽부터 밥 달라고 우는 이유는 울면 원하는 것을 얻게 된다는 것을 배웠기 때문이고(울음소리를 들은 보호자가 일어나 관심, 밥, 만져주기를 해줬을 것이고), 손이나 발을 무는 이유는 어릴 때부터 그것이 재미있는 놀이이고 그렇게 해도 된다고 배웠기 때문이다(많은 보호자가 신체 일부를 이용해 고양이와 놀아준다). - 옮긴이주

▼ 고양이가 새벽에 우다다 뛰어다니며 온 집안 식구를 깨우는 것은 야행성 동물인 탓도 있지만 잠자기 전 놀이 시간을 갖거나 낮 시간 동안 충분한 활동 및 놀 거리를 제공해준다면 이런 행동은 확연히 줄어든다. - 옮긴이주

바꾸거나 없앨 수 있는 해결 방법까지 알려준다. 재주를 가르치는 것이 주목적은 아니지만 9장에서 몇 가지 인상적인 재주 가르치는 법도 소개된다.

이제 고양이는 훈련이 불가능하다거나 행동을 바꾸기 힘들다고 말하는 사람을 만난다면 그들에게 알려주자. 클리커 트레이닝과 교육, 환경관리, 행동 수정으로 모두 바로잡을 수 있다고! 부절적한 행동 때문에 보호소에 버려지거나 인락사 될지 모르는 수많은 고양이의 생명을 구할 수 있을 것이다.

공인 고양이행동컨설턴트
Marilyn Krieger

차례

CHAPTER
1

클리커 트레이닝의 기초

클리커 트레이닝의 기초

고양이는 재미있고 싶다

다른 교육법도 있겠지만, 클리커 트레이닝은 고양이 교육에 관한 한 단연코 최고의 방법이다. 행동을 변화시키고 그것을 오래 지속시키는 데는 보상 기반의 교육법이 벌 기반의 교육법보다 훨씬 더 효과적임이 이미 과학적으로 증명되었다. 무엇보다 클리커 트레이닝은 재미있기 때문에 고양이를 열정적으로 참여하게 만든다. 특히 낯선 상황을 두려워하는 성향을 타고난 고양이에게는 새로운 행동에 참여하고 탐험하는 것을 격려하는 클리커 트레이닝이 그야말로 안성맞춤이다.

클리커 트레이닝은 바람직하지 않은 행동을 바꾸는 데 탁월한데, 먼저 적절한 대안 행동부터 제시해준 다음 고양이를 원래 행동, 즉 바람직하지 않은 행동보다는 그 대안 행동에 집중하게 만들기 때문이다. 게다가 고양이의 안정감을 높이고 고양이와 보호자 간의 유대감을 형성하고 강화할 뿐만 아니라 강력한 의사소통 도구도 된다. 또, 원치 않는 행동을 없애고 더 나은 행동을 만들어나가는 동안, 가족과 이웃을 놀라게 하고 즐겁게 해줄 인상적인 재주도 가르칠 수 있다. 문만 열리면 나가려고 돌진하고 스크래칭으로 소파를 엉망진창으로 만들고 손님을 끔찍해하던 고양이가 이젠 손님과 악수를 하게 된다.

그러나 먼저, 고양이도 우리도 기초부터 배워야 한다. 다행히 배우기 쉽고 재미있다. 준비됐다면 클리커 트레이닝 여행을 떠나보자.

초보자들을 위한 기본 도구 상자

- 1차 강화물 : 맛있는 먹이 보상이나 평범한 사료, 또는 애정 어린 관심이나 놀이
- 2차 강화물 : 일관된 소리를 낼 수 있는 도구, 클리커, 겁 많은 고양이에게는 딸깍 소리
  가 나는 볼펜, 또는 청각장애가 있는 고양이를 위해서는 손전등 불빛
- 타깃 막대기 : 나무젓가락 또는 끝에 지우개가 달린 긴 연필
- 매트 : 매트 또는 고양이가 밟고 서있을 수 있는 이동이 용이한 받침대

제 1 원칙 :
재밌어야 한다

클리커 트레이닝은 보호자는 물론이고 특히 고양이에게 재미있어야 한다. 누구나 따분한 일에는 소중한 시간을 할애하고 싶지 않듯 고양이도 마찬가지다. 클리커 트레이닝의 최고의 묘미는 고양이에게 권한을 주고 고양이가 원하는 속도로 진행하게 한다는 점이다. 제대로 동기부여가 되고 도전이 즐겁다면 고양이는 계속하고 싶어 할 것이고, 반대로 지겹다면 자리를 떠나 벽에 붙은 파리나 지켜보거나 털썩 드러눕거나 그 외에 '이제 그만 할래'를 뜻하는 다른 행동을 할 것이다.

고양이에게 제대로 동기부여할 뭔가를 찾으면 고양이와 보호자 모두 재밌게 클리커 트레이닝을 할 수 있다. 고양이도 사람처럼 어떤 종류든 만족스러운 보상이 따라오는 행동을 더 하고 싶어 한다. 월급도 못마땅하고 재미도 없는 직장에 다니고 있다면 자기소개서를 업데이트해 구인광고를 찾게 되는 것과 마찬가지다.

▶ 어떤 고양이는 놀이에
동기부여가 된다.

동기부여원 찾기
그리고 제한 급식

고양이는 대부분 먹이에 동기부여된다. 앞으로 '식도락가형'이라고 부를 이런 고양이들에게는 제일 좋아하는 먹이 보상 한 조각이 1차 강화물 primary reinforcer로 완벽하다. 먹이 보상의 크기는 사료 알갱이 반 정도로 아주 작아야 한다. 우리 생각에 아무리 맛있어 보여도 늘 먹는 사료만 좋아하고 다른 먹이 보상은 거들떠도 안 보는 고양이도 있다. 이렇게 오직 사료만 오도독오도독 먹길 좋아하는 고양이에게는 매일 먹는 사료 알갱이를 반으로 잘라 먹이 보상으로 사용하면 된다. 또 캔 사료에 푹 빠진 고양이라면, 그 캔 사료를 스푼이나 납작한 나무 막대 위에 채운 뒤 한 번 핥게 하는 것을 먹이 보상으로 사용하면 된다.

단, 사료를 24시간 내내 그릇에 놔두지 않는다. 즉, 자율 급식 대신, 식사 시간 이외에는 바로 사료를 치워두는 제한 급식을 한다. 또, 일정한 식사 스케줄을 정해놓고 매일 같은 시간에 먹이를 준다. 언제든지 먹이를 먹을 수 있는 고양이들은 먹이에 잘 동기부여되지 않는다. 밥그릇으로 어슬렁어슬렁 걸어가기만 하면 되는데 뭐하러 먹자고 일을 하겠는가?▼

▼ 많은 수의사 및 행동학자가 제한 급식을 추천한다. 많은 보호자가 자율 급식을 하고 있지만 사실 고양이는 하루 종일 먹어야 하는 초식동물이 아니다. 하루에 한두 번 사냥에 성공한 뒤 먹이를 먹는 방식이 이들의 소화기관에도 적합하다. 제한 급식은 비만 혹은 까다로운 입맛을 고치는 데도 도움이 된다. - 옮긴이주

하지만 먹이가 유일한 동기부여
원은 아니다. 먹이에 전혀 동기부여
되지 않는 고양이도 있다. 이런 별난
고양이는 그루밍이나 애정에 동기부
여될 수 있다. 애정에 동기부여되는
고양이는 안아주기, 만져주기, 뽀뽀
같은 것에 반응한다. 그루밍을 좋아
하는 고양이에게는 빗질 몇 번이 보
상이 될 수 있다. 조금만 시간을 들여 몇 가지 테스트를 해보면 고양이에
게 최고의 동기부여원이 무엇인지 알아낼 수 있다. 올바른 동기부여원을
찾는 일은 클리커 트레이닝을 성공적으로 하게 해주고 고양이도 보호자도
모두 즐겁게 만들기 때문에 매우 중요하다.

▶ 먹이에 동기부여되는 고양이도 있
고, 애정이나 그루밍에 동기부여
되는 고양이도 있다.

고양이 클리커 트레이닝

스키너와 조작적 조건형성의 과학

클리커 트레이닝은, 1930년대 스키너B.F. Skinner의 세심한 연구 끝에 발견된 학습 방법인 **조작적 조건형성**operant conditioning에 기반을 둔다. 소작적 조건형성은 동물이 자기가 하고 있는 행동과 그 행동의 결과 간에 연관을 형성하는 학습 과정을 말한다. "행동의 결과가 행동을 수정한다."▼

스키너는 연구 데이터를 모으기 위해 레버와 먹이 공급 시스템이 갖춰진 조작적 조건형성 상자를 고안했다. 아무 자극도 없는 상자 안의 쥐가 우연히 레버를 쳤다가 먹이 알갱이가 공급되자 그 행동이 강화되었다. 자기가 레버를 건드린 직후에 먹이 알갱이가 나왔다는 것을 깨달은 쥐가 레버를 치는 횟수를 늘리기 시작한 것이다. 쥐의 행동은 의도치 않았던 사건에서 의도적인 행동으로 바뀌었다.

2차 세계대전 동안 스키너는 비둘기를 대상으로도 실험했다. 쥐와 비둘기가 하는 간단한 행동과 반응은 스키너의 또 다른 발명품인 누가 기록기cumulative recorder▼에 의해 모두 측정, 기록되었다. 기록기는 레버가 눌러지는 타이밍과 빈도를 문서화했는데, 이렇게 모인 데이터는 동물이 어떤 행동에 대해 긍정적인 결과 또는 강화물reinforcer이 있으면 그 행동을 반복한다는 결과를 보여줬다. 또 강화되지 않으면 그 행동은 사라진다는 것도 보여줬다.

스키너가 실험 내내 주목했던 것은 동물의 행동을 강화하는 활동이나 아이템 같은 강화물이었다. 그는 이것을 1차 강화물 그리고 **2차 강화물**secondary reinforcer 또는 **조건 강화물**conditioned reinforcer이라 불렀다. 스키너는 1차 강화물로는 전형적으로 먹이를 사용했다. 2차 강화물, 즉 조건 강화물은 먹이 공급기가 1차 강화물인 먹이를 배달하기 직전에 만들어내는 소리였다. 동물들은 그 소리와 뒤따라 공급되는 먹이 간에 연관을 형성했다.

조작적 조건형성의 또 다른 면은, 동물은 어떤 행동을 했을 때 긍정적인 결과가 없으면 또는 부정적인 결과(벌)가 있으면 그 행동을 반복하지 않으려 한다는 것이다. 하지만 스키너의 연구는 벌 없이도 행동을 쉽고 효과적으로 바꿀 수 있는 방법을 보여줬다.

> ▼ 바람직한 결과가 오는 행동은 더 자주 하고, 아무 결과가 없거나 심지어 원치 않는 결과가 오는 행동은 하지 않을 확률이 높다는 의미다. - 옮긴이주
>
> ▼ 행동을 그래프로 기록하는 장치 - 옮긴이주

클리커 트레이닝의
기본 요소, 클릭 소리

효과적인 동기부여원을 찾았다면 이제는 작동시켰을 때 항상 같은 동작을 하는 기구를 찾을 차례다. 그 동작은 소리, 진동 또는 불빛이 될 수 있다. 클리커 트레이닝에서는 1차 강화물과 연관이 형성된 이 기구를 '2차 강화물^{secondary reinforcer}' 또는 '이벤트 표시물^{event marker}'이라 부른다. 이제 이 2차 강화물은 고양이가 뭔가 옳은 행동을 하고 있는 순간을 고양이에게 알려주는 데 사용된다. 오늘날 클리커 트레이닝에서 사용되는 가장 인기 있는 기구는 클리커다. 가운데 있는 금속 조각이나 버튼을 누르면 '클릭^{click▼}' 소리가 나는데 가장 효과적인 클리커는 클리커 트레이닝의 창시자 중 한 명인 카렌 프라이어^{Karen Pryor}가 개발한 '아이클릭 클리커'다. 이 클리커는 부드럽고 정확한 소리를 내며 반응 속도도 훌륭하다. 버튼을 누르는 즉시 클릭 소리가 난다. 즉 클리커를 누르는 동작과 클릭 소리 간에 시간차가 없다는 이야기다. 클리커 트레이닝에서는 타이밍이 절대적으로 중요하기 때문에 즉시 소리가 나는 것이 중요하다.

간혹 클리커 소리를 무서워하는 고양이들이 있는데, 겁이 많은 고양이

▼ 우리말로 '딸깍'에 해당되는 소리 - 옮긴이주

▶ 아이클릭 클리커는 작동할 때 부드러운 소리를 낸다.

또는 길고양이를 교육할 때는 볼펜 누르는 소리 같이 더 조용한 소리를 2차 강화물로 쓰면 된다. 아니면 클리커가 더 부드러운 소리를 내도록 양말이나 헝겊조각 안에 넣어서 사용하면 된다. 청각장애가 있는 고양이도 클리커 트레이닝이 가능한데 소리를 내는 기구 대신, 펜 라이트나 손전등의 밝은 불빛을 고양이 앞쪽 바닥에 빠르게 비춰주면 된다.

그 외에 벨소리, 딸랑이, 호루라기 등도 표시 도구, 즉 2차 강화물이 될 수 있다. 장난감 가게에 가면 독특한 소리를 내는 다양한 종류의 장난감이 있는데 그 즉시 일관된 소리를 내는 것이라면 무엇이든 좋다. 단, 목소리나 허로 클릭 소리를 만드는 것은 권하지 않는다. 사람의 기관이 만드는 소리는 항상 똑같을 수 없기 때문이다. 사용하기로 정한 기구가 무엇이든 간에 우리가 원하는 행동을 표시 또는 강화할 때만 사용해야 한다. 트레이닝과 상관없이 아무 때나 클리커나 볼펜에서 클릭 소리가 나거나 벨소리가 울리면 고양이가 혼란스러워할 수 있으니 평소 사용하지 않는 것이어야 한다. 즉 그 기구의 용도는 온전히 클리커 트레이닝용이어야 한다.

볼펜도 가능하다

버튼을 눌러 볼펜심을 넣었다 뺐다 할 수 있는 볼펜은 작은 소리에도 쉽게 놀라는 고양이에게 좋은 클리커가 된다. 단, 문제점이 하나 있다면 평소에는 이런 볼펜을 쓰지 않도록 주의해야 한다는 것이다. 모든 클릭 소리가 중요하다는 것을 기억하자.

클리커의 세 가지 명칭

2차 강화물은 고양이가 뭔가 옳은 행동을 하고 있는 순간을 고양이에게 알려주는 것이기 때문에 '**이벤트 표시물**event marker'이라고도 불린다. 이벤트 표시물은 사진을 찍듯 이벤트를 '포착'한다. 클리커를 쓸 때는 강화하고자 하는 행동이 일어나고 있는 정확한 순간에 클릭 소리가 나게 해야 한다. 늦게 누르면 클릭 소리가 난 순간에 고양이가 하고 있던 행동이 무엇이건 간에 그 행동이 강화되는 결과가 일어난다.

또한 2차 강화물은 '**연결 자극**bridging stimulus' 또는 '**브릿지**bridge'라고도 불리는데 이는 의사소통 도구로서 작용하기 때문이다. 클릭 소리는 고양이에게 '지금 너는 올바른 행동을 하고 있고 잠시 후 그 행동에 대해 보상을 받게 된다'는 것을 말해준다. 연결 자극이라는 용어는 클리커 트레이닝의 선구자 중 하나인 켈러 브릴랜드Keller Breland가 처음 사용했다.

▶ 클리커를 누르는 즉시 고양이 앞에 먹이를 던지거나 내려놔서 클릭 소리와 먹이 보상을 연관 짓게 한다.

'클릭 소리=맛있는 것'
클리커 장전하기

클리커 트레이닝에서 가장 먼저 할 일은 클리커와 동기부여원, 즉 먹이 보상을 짝짓는 것이다. 이것을 '클리커 장전하기charging the clicker' 또는 '2차 강화물 조건형성하기conditioning secondary reinforcer'라 부른다. 클리커가 일반적으로 사용되고 있기 때문에 클리커를 2차 강화물로, 고양이들 대부분이 식도락가형이니 먹이를 동기부여원, 1차 강화물로 염두에 두고 이야기해 나갈 것이다.

클릭 소리와 뭔가 긍정적인 것, 즉 먹이를 짝짓는 것은 원하지 않는 행동을 바꾸는 과정의 첫걸음이다. 클릭 소리는 우리가 원하는 뭔가를 하는 정확한 순간을 고양이에게 알려주는 역할을 한다.

카렌 프라이어가 이름 붙인 클리커 장전하기 과정은 매우 쉽다. 클리커를 딱 한 번 누르고 그 즉시 고양이에게 작은 먹이 보상을 던져준다. 클리커를 누르고 최대한 빨리 고양이에게 먹이 보상을 던져준다는 것을 기억하자. 고양이가 보상을 다 먹은 뒤 우리를 올려다볼 때까지 기다린 다음 다시 클리커를 누르고 먹이를 던져준다. 고양이가 우리한테 완벽하게 집중한 다음에 클리커를 누르는 것이 중요하다. 바닥의 부스러기를 진공청소기마냥 흡입하길 좋아하는 고양이도 있을 것이다. 대부분은 이 과정을 몇 번만 반복하면 클릭 소리와 먹이 보상을 연결 짓게 된다. 어떤 고양이는 좀 더 오래 설릴 수 있고, 10~20번 정도 클릭 소리와 먹이 보상을 반복해야 연관성을 이해하는 고양이도 있다.

　제1원칙을 잊어서는 안 된다! 클리커 트레이닝은 모두에게 즐거워야 한다. 중간에 고양이가 창밖을 쳐다보며 동참하지 않는다면 즉시 트레이닝 세션을 멈추고 고양이를 원하는 곳으로 보내준다. 그리고 얼마 뒤 다시 세션을 가지면 된다. 처음 시작할 때는 세션을 하루에 짧게 여러 번 가진다.▼ 보호자와 고양이 둘 다 클리커 언어에 능숙해지게 되면 세션을 더 길게 해도 된다. 하지만 전적으로 고양이의 반응에 달렸다.

▼ 동물행동학자이자 클리커 트레이닝의 창안자 중 한 명인 카렌 프라이어 박사에 따르면 보통 트레이닝 세션은 5분 이내로 하되, 고양이의 반응에 따라 더 짧아질 수 있다. 고양이가 한창 즐겁게 하고 있을 때 그만두면 다음 세션을 더 기대하게 할 수 있다. - 옮긴이주

클리커의 역사

1935년경, 스키너는 동물 훈련에 조작적 조건형성과 2차 강화물을 적용할 수 있다는 것을 알아냈다. 스키너가 처음 발견하고 훗날 인도적 동물 교육법을 창시한 심리학자, 마리안과 켈러 브릴랜드Marian&Keller Breland 부부에게 소개되었던 2차 강화물은 조작적 조건형성 상자 안에 먹이가 배달되기 전에 나던 먹이 급여기 소리였다. 브릴랜드 부부와 스키너는 서로 다른 동기를 가지고 있었다. 스키너는 주로 연구에만 관심이 있었고 브릴랜드 부부는 사업적 성공을 위해 조작적 조건형성의 원리를 기반으로 하는 빠르고 효과적인 동물 교육법을 찾고 있었다.

브릴랜드 부부는 2차 강화물(작동할 때마다 항상 같은 동작을 하는 기구)이 행동을 정확하게 만들어주고 동물과 거리상으로 떨어진 상태에서도 효과적으로 행동을 형성하고 강화시킬 수 있다는 것을 알았다. 2차 강화물은 바람직한 행동이 일어나는 순간을 정확하게 표시해서 동물이 잘하고 있는 때를 알려준다. 또 행동이 완성됐을 때를 신호하기도 한다. 해양 포유동물을 교육할 때는 주로 호루라기와 벨소리가 2차 강화물로 사용되고, 청력에 문제가 있는 동물을 교육할 때는 펜 라이트 같은 시각적 신호 기구가 사용될 수 있다.

1943년 후반, 브릴랜드 부부는 동물 교육에 파티용 클리커party clicker▼를 사용하기 시작했는데, 2차 세계대전 이후 금속이 귀해지면서 구하기 어려워지자 금속 조각이 있는 막대기로 클리커를 만들었다. 하지만 불행히도 이 실험적인 클리커는 엉성했고 브릴랜드 부부는 다른 2차 강화물을 찾았다. 그리고 뿔피리와 호루라기가 특히 먼 거리에서도 효과가 좋다는 것을 발견했다.

근래에 와서, 카렌 프라이어가 작동시키면 즉각 반응하는 부드러운 소리를 내는 아이클릭 클리커를 고안해냈다.

▼ 부딪히면 큰 소리를 내는 파티 용품 - 옮긴이주

실패는 불가능하다

만약 고양이가 클릭 소리와 먹이 보상 간의 관계를 '이해하지 못하는' 것 같다면 동기부여원에 대해 다시 생각해봐야 한다. 우리 생각과 달리 고양이가 그것을 좋아하지 않을 수 있다. 그게 문제가 아니라면 고양이의 일과를 생각해본다. 고양이가 식사를 마친 직후에는 클리커 트레이닝을 해서는 안 된다. 고양이가 막 만족스럽게 식사를 끝냈다면 먹이 보상에 동기부여가 되지 않을 것이다. 게다가 식사를 마친 뒤 고양이에게 가장 중요한 일은 아마도 낮잠일 것이다. 클리커 트레이닝에 더 적합한 시간은 식사 전, 배고플 때다. 그래야 쉽게 동기부여도 되고 교육받을 준비가 된다.

첫 번째 가르칠 행동 :
타깃 터치하기

클리커 트레이닝의 장점 중 하나는 간단하다는 것과 이미 배운 것 위에 쌓아나갈 수 있다는 것이다. 클릭 소리와 동기부여원을 짝지었다면 쉽게 배울 수 있는 간단한 행동부터 시작해보자. 첫 번째 가르칠 목표행동은 고양이가 자기 코를 클리커 트레이닝에서 흔히 '타깃^{target}'이라고 부르는 물체나 막대기에 살짝 갖다 대는 것이다. 나무젓가락 또는 끝에 지우개가 달린 긴 연필을 타깃으로 쓰면 된다. 특히 연필은 훌륭한 타깃인데 끝에 있는 지우개가 고양이 코를 닮았기 때문이다. 흔히 고양이들은 서로 인사할 때 서로의 코를 갖다 댄다. 끝에 작은 구가 달린 긴 막대기도 부끄러움 혹은 겁이 많은 고양이에게 좋은 타깃이 될 수 있다.

한 손에는 타깃을, 다른 손에는 클리커와 먹이 보상을 들고 시작한다. 한 손에 타깃과 클리커를 함께 들지 않는다. 타깃 옆에서 발생하는 클릭 소리의 진동이 고양이를 놀라게 할 수 있기 때문이다. 넉넉한 양의 먹이 보상을 적당한 용기 안에 넣어 가까이에 둔다. 트레이닝 중에는 리듬을 유지할 수 있게 먹이 보상은 항상 손닿는 곳에 두어야 한다. 허리에 착용하는 개 교육용 포상 주머니는 고양이 클리커 트레이닝에도 완벽하다. 그루밍이나 놀이에 동기부여되는 고양이의 경우에는 손닿는 곳에 좋아하는 장

▶ 한 손에 타깃을 다른 손에 클리커와 먹이 보상을 든다.

난감이나 그루밍 도구를 두고 시작하면 된다.

고양이가 목을 조금만 빼면 건드릴 수 있도록 타깃을 고양이 코앞 약 1~3센티미터 앞에 들고 있는다. 고양이가 반사적으로 코로 타깃을 건드리면 한 번만 클릭한 다음 즉시 먹이 보상을 던져준다. 언제나 타이밍이 관건이다. 타깃을 터치하는 동시에 클릭 소리가 나야 한다. 타깃을 건드리고 0.1초 후, 또는 타깃을 건드리기 0.1초 전에 클릭하면 안 된다. 클릭 소리는 이벤트 표시물 역할을 하므로 고양이에게 클릭 소리가 나는 순간에 하고 있는 동작은 좋은 것이고 곧 보상을 받게 될 것이란 사실을 알려준다. 타깃을 건드린 직후, 즉 클릭 소리가 난 직후에만 보상을 던져준다. 앞에서 뭔가 근사한 것 즉 먹이 보상과 짝지어진 상태기 때문에 클릭 소리는 타깃을 건드리는 행동을 강화시킨다.

고양이가 먹이 보상을 다 먹고 우리를 올려다볼 때만 이 과정을 다시 반복한다. 고양이의 시야 밖으로 벗어나게 타깃을 올렸다가 다시 고양이가 건드릴 수 있는 위치로 내리면 다시 트레이닝을 할 수 있는 '리셋' 상태가 된다. 고양이가 경우에 따라 타깃을 건드리지 않을 수도 있는데 그럴 경우엔 클릭도 먹이도 주지 않는다. 고양이가 그만두려고 마음먹었거나 또는 자기가 아무것도 안 해도 먹이 보상이 올지 테스트해보는 것일 수도 있다. 반복해서 말하지만 타깃을 건드리지 않으면 클릭도 먹이도 없다. 고양이는 우리가 요청한 행동을 해야만 먹이 보상을 받을 수 있다는 것을 재빨리 배운다.

때로는 고양이가 코가 아닌 다른 신체 부위로 타깃을 건드릴 수도 있는데, 고양이가 코로 타깃을 건드릴 때만 클릭 소리로 이벤트 표시를 하고 먹이 보상을 준다는 것을 기억하자. 타깃에 앞발을 대거나 이마로 건드리는 것이 아무리 귀엽더라도 코로 건드리는 것 이외의 다른 행동에는 클릭과 보상을 주고 싶은 유혹을 이겨내야 한다.▼

반복은 좋다. 고양이의 자신감도 커지고 행동도 견고해신다. 고양이가 이 행동을 배우고 적어도 열 번 중 여덟 번을 정확하게 해내면 음성 신호를 추가한다. 이 행동을 요구할 때 항상 사용할 단어 하나를 정한다. 중간에 절대 바꿔서는 안 된다. '터치touch' 정도가 적합하겠다. 고양이 코 가까이로 타깃을 내리면서 "터치."라고 말한다. 고양이가 타깃을 건드리는 순간에 클리커를 누르고 먹이 보상을 준다. 고양이가 그 행동과 터치라는 단어를 연결 짓기까지 수차례 반복이 필요할 수 있지만, 우리가 원하는 것은 결국 고양이가 음성 신호에 맞춰 행동하는 것이기 때문에 행동에 단어를 덧붙이는 과정은 중요하다.

고양이가 '터치'를 이해했다면 이제는 고양이 코에서 타깃을 1~3센티미터 정도 더 떨어뜨려본다. 위치로 타깃을 내리면서 "터치."라고 말하고 고양이가 타깃을 쫓아와 건드리면 그와 동시에 클리커를 누르고 먹이 보상을 준다. 고양이가 몇 발자국 걸어서 타깃을 따라올 때까지 타깃과 고양이 코 사이의 거리를 조금씩 늘려나가면서 천천히 과정을 반복한다.

고양이가 타깃을 건드리지 않는다면, 앞에서 말했던 동기부여원과 트레이닝 스케줄을 다시 점검해본다. 또 너무 진도가 빠른 것은 아닌지 생각

▼ 즉, 클리커 트레이닝을 할 때는 미리 동물의 어떤 행동을 강화할 것인지 그 행동에 대해 아주 구체적이고 명확하게 기준을 정해둔 상태에서 시작해야 한다. 그 기준에서 벗어난 행동에는 클릭하지 않는다. - 옮긴이주

해보고, 바로 코앞에 타깃을 두는 수준으로 되돌아가서 타깃과 고양이 코와의 거리를 조금씩 늘려나가면서 더 천천히 진행한다. 또 다른 가능성은 고양이가 그날은 그만하고 싶은 것일 수 있다. 절대 억지로 해선 안 된다. 클리커와 타깃을 치워버리고 고양이가 교육에 더 동기부여가 되는 다른 시간에 다시 시도한다.

타깃 터치하기는 간단한 데다가 고양이나 보호자 모두 클리커 트레이닝을 살짝 맛볼 수 있게 해주기 때문에 처음 배우기에 딱 좋다. 또 타이밍의 개념과 지금까지와는 다른 방식으로 고양이와 의사소통하는 개념도 소개하기 충분하다. 타깃을 따라가 건드리는 행동은 부엌의 조리대 위에서 어슬렁대는 것 같은 위험한 행동을 수정하고 부끄럼 많은 아기 고양이를 사회화하는 데 매우 유용하다.

▶ 고양이가 열 번 중 여덟 번을 올바르게 해내서 그 행동을 제대로 이해했다 싶으면 '터치'라는 음성 신호를 덧붙인다.

▶ 고양이가 일정 거리를 따라올 때까지 차츰차츰 고양이 코와 타깃 간의 거리를 늘려나간다.

한 손에는 클리커와 먹이 보상, 다른 손에는 타깃

손이 세 개라면 좋겠지만 그렇지 않으니, 클리커와 먹이 보상을 같은 손에 들고 다른 손에 타
깃을 든다. 그래야 클리커를 누를 때 고양이가 놀라게 될 가능성이 없다. 타깃 바로 옆에서
클릭 소리가 나거나 클리커를 누르다가 타깃을 건드리기라도 하면 고양이가 놀랄 수 있다.
또, 클리커가 타깃에 진동을 일으켜서 타깃 건드리기를 불유쾌한 경험으로 만들어버릴 수도
있다. 게다가 타깃이 클리커와 같은 손에 있으면 클리커를 누르다 실수로 타깃으로 고양이
의 예민한 코를 툭 치기도 쉽다.

두 번째 가르칠 행동 :
매트 위로 올라가기

두 번째 가르칠 행동에는 받침대가 필요하다. 목표행동은 고양이가 우리 신호를 받으면 정해진 물체 위로 네 발 다 완전히 올라가 서있는 것이다('기다리기'는 3장에서 배운다). 적당한 크기의 매트를 받침대로 사용하면 좋은데, 세션 중이 아닐 때는 치워둘 수도 있고 이리저리 교육 장소를 옮길 수도 있기 때문이다. 그 외에 최종 목표에 따라 다르지만, 스툴, 작은 러그, 뒤집어서 천을 덮어둔 낮은 플라스틱 통 등도 받침대로 쓸 수 있다.

상상력을 동원해 최종 목표를 머릿속에 그려보자. 고양이가 조리대 서핑을 그만두게 하고 싶다면 조리대 가까이에 키가 큰 스툴을 놓고 이를 받침대로 사용한다. 클리커 트레이닝 그리고 다른 행동 수정 기법과 함께 스툴을 사용하면 조리대 서핑을 그만두게 할 수 있다. 고양이는 높은 곳에 있고 싶은 욕구에서 조리대 서핑을 하는 경우가 많기 때문에 이를 그만두게 하는 데는 키 큰 스툴을 옆에 놓는 것만큼 좋은 것도 없다. 스툴은 고양이의 욕구도 만족시켜주고 동시에 조리대 대신 있을 수 있는 완벽한 대안 장소도 제공해준다(이 부분은 2장에서 더 자세히 소개한다).

매트나 작은 러그는 공격성 문제는 물론 그 외에 다양한 행동을 수정 및 형성하고, 고양이를 발톱 자르기에 '**탈감각화**desensitizing▼' 시킬 때도 사용할 수 있는 효과적인 받침대. 매트와 러그만 있으면 다루려는 행동문제에 따라 집 안 어디에서든 고양이를 교육할 수 있다.

다른 행동 수정 기법 및 환경관리법과 함께 받침대를 활용하면 행동문제를 효과적으로 고칠 수 있다. 사용하지 않는 플라스틱 상자나 고양이 화장실을 뒤집어 그 위에 러그를 붙여놓으면 공연무대처럼 보여 보기에도 재미있다. 제1원칙을 기억하면서 상상력을 동원해 받침대를 선택하자. 재미있어야 한다!

고양이를 위한 완벽한 받침대를 찾았다면 이제 우리 요청에 따라 그 위에 올라가는 것을 가르칠 차례다. 매트 위에 올라가 서있는 것을 가르칠 때 사용할 수 있는 클리커 트레이닝 접근법은 두 가지가 있는데, 하나는 '**행동형성하기**shaping'이고 하나는 '**유인하기**luring'다. 둘 다 중요한데, 행동형성하기는 중요한 트레이닝 기술을 가르쳐주고 유인하기는 행동에 빨리 시동을 걸어준다.

방법1 : 행동형성하기

행동형성하기는 고양이뿐만 아니라 보호자에게도 매우 중요한 기술로 특히 복잡한 행동을 가르칠 때 유용하다. 행동형성하기는 복잡한 행동을 작은 단계들로 쪼갠 다음 고양이가 목표행동에 가까워지는 작은 움직임을 올바르게 해낼 때마다 보상하는 것이다. 행동형성하기는 최종 목표행동에 이

▼ 어떤 대상이나 물건, 사건에 대한 공포심을 점차 둔화시켜 결국은 최소화 또는 제거시키는 행동 수정 기법을 말한다. 둔감화, 탈감작화라고도 한다. - 옮긴이주

▶ 매트는 집 안 어디로든 쉽게 옮길 수 있어 올라
가기를 가르칠 때 사용하기 좋은 받침대다.

▼ 행동형성하기는 목표행동에 이르기까지의
작은 움직임들을 단계별로 보상하는 것이다.
이 경우 목표행동은 매트 위에 서있기다.

를 때까지 작고 연속적인 향상이 있을 때마다 보상을 주는 방식으로 행동을
단계별로 가르쳐나간다. 이 방법은 시간은 조금 더 걸리지만 더 강력한 행
동을 만들어내고 고양이와 보호자에게 클리커 트레이닝 언어의 견고한 기
초를 쌓아준다.

　매트 위에 올라가기를 행동형성하기로 가르쳐보자. 매트를 고양이 바
로 옆에 내려놓는 것이 신호다. 고양이가 매트를 조사하기 시작한다면 클
릭을 한 다음 먹이 보상을 준다. 리셋 차원에서 매트를 들어올렸다 내려놓
는 것으로 다시 신호를 준다. 이번에는 고양이가 매트 위에 발 하나를 올려
놓으면 매트를 건드리는 순간 클릭을 하고 바로 먹이 보상을 준다. 반대로

매트를 무시한다면 클릭도 먹이 보상도 아무것도 주지 않는다. 아무 행동을 하지 않아도 무시해버리고 다시 매트를 들어올린 다음 고양이 옆에 내려 놓는다. 이번에는 고양이가 우리 바람대로 매트 위에 두 발을 올려놓을 수도 있고 아니면 한 발만 올릴 수도 있겠다. 이렇듯 매트 위에 네 발을 다 올리고 서있는 목표행동에 더 가까워지는 어떤 행동이라도 하면 클릭하고 먹이 보상을 준다. 클릭을 하고 먹이 보상을 주고 난 다음에는 항상 그 행동에 대한 신호를 다시 주기 위해 매트를 들어올린다. 행동을 형성하는 과정은 아주 작은 단계들로 이뤄져서 정말 미세할 수 있다. 처음에는 심지어 매트 쪽으로 고개를 돌리는 것, 또는 앞발 하나를 매트를 향해 옮기는 것조차도 클리커로 표시해줄 수 있다.

고양이가 매트 위에 올라가 있을 때 클릭한 다음 매트 바깥쪽에 먹이 보상을 던져 고양이가 먹이를 먹는 사이 매트를 들어올린다. 매트 밖으로 먹이를 던지면 고양이가 어쩔 수 없이 매트에서 내려가고, 우리는 손쉽게 매트를 들어올렸다가 고양이가 먹이를 다 먹으면 그 옆에 다시 매트를 내려 놓아 이 행동에 대한 신호를 줄 수 있다. 고양이는 아주 똑똑한 동물이어서 일단 매트 위에 있기만 해도 먹이 보상을 받는다는 것을 이해하고 나면 계속 그 위에 있으려 들기 때문에 매트 밖으로 먹이 보상을 던져 고양이를 매트 밖으로 내려가게 해야 한다.

기억하자. 타이밍이 전부다. 고양이가 아주 작은 성과를 보일 때마다 바로 그 순간에 클릭을 하는 것이 중요하다. 진척이 없다면 클릭도 먹이 보상도 주지 않는다. 그리고 아무리 그러고 싶은 마음이 들더라도 고양이를 안아서 매트 위에 올리거나 매트 위로 밀거나 해서는 안 된다. 그러면 목표를 이룰 수 없다. 인내심을 가지고 지금 우리는 고양이 시간으로 움직이는 중이라는 것을 명심하자.

부정적 감정 상태일 때는 클릭하지 않는다

클리커 트레이닝은 강력하다. 바람직한 행동을 클릭하고 강화하는 것만큼, 원치 않는 행동을 클릭하고 강화하기도 쉽다. 따라서 교육 중에는 항상 고양이의 몸짓 언어를 주시해야 한다. 고양이가 공격성을 보이거나 불안해하거나 겁먹은 신호가 조금이라도 보이면 클릭도 먹이 보상도 주지 않는다. 동공이 확대 또는 수축되거나, 귀가 뒤로 젖혀지거나, 털이 곤두서거나, 울거나, 꼬리를 탁탁 치거나 그 외에 불쾌나 불안을 뜻하는 신호에 주의해야 한다. 고양이가 이런 부정적 감정 상태를 표현하고 있을 때 클릭하면 그런 상태나 행동을 강화할 수 있다. 우리가 원하는 것은 긍정적인 것만 포착하고 보상하는 것임을 기억하자.

목소리로도 혼내지 않는다

고양이가 우리 신호를 이해하지 못한다고 이에 대한 부정적인 메시지를 목소리로 내지 않는다. 고양이는 트레이닝 과정 내내 재미있어야 하고 낯선 행동들을 하는 이 실험이 안전하다고 느껴야 한다. 우리 실망감을 소리로 드러내면 고양이에게 긴장감을 줄 수 있다. 그저 클릭도 보상도 주지 않으면 된다. 그리고 신호를 주며 다시 행동을 요청하고 고양이가 신호에 따라 제대로 행동할 때만 클릭하고 먹이 보상을 주면 된다.

▶ 고양이가 우리 요청대로 행동하지 않는다면, 클릭도 보상도 하지 않는다.

방법2 : 유인하기

두 번째 접근법은 유인하기다. 문만 열리면 나가려고 돌진하는 것 같은 위험한 행동을 못 하게 막을 때처럼 즉각적인 결과가 필요할 때 유용하다. 타깃 그리고 이따금씩은 먹이가 일시적으로 유인물로 사용된다. 이번에는 매트 위로 올라가기를 유인하기로 가르쳐보자. 이미 앞에서 고양이가 타깃 막대기를 따라가는 것을 배운 상태기 때문에 매트를 고양이 옆에 내려놓은 뒤 거기까지 유인하는 데 타깃 막대를 사용할 수 있다. 고양이가 매트 위로 네 발을 다 들여놓으면 그 즉시 클릭하고 보상을 준다. 이 행동을 몇 차례 더 올바르게 해내면 유인하기는 그만 사용해야 한다. 타깃을 따라가는 것이 매트 위로 올라가라는 신호가 아니고 고양이 옆에 매트를 내려놓는 것이 신호라는 것을 기억하자. 대부분은 몇 차례만 유인하면 잘 해낸다. 고양이가 우리 요청이 무엇인지 이해하고 나면 매트를 옆에 내려놓는 것으로 충분한 신호가 된다. 그야말로 천재여서 한 세션 만에 목표행동을 해내는 고양이도 있고 세션이 몇 번 더 필요한 고양이도 있다. 일단 고양이가 매트 위에 올라가게 되면 다른 행동뿐만 아니라 앉기, 악수하기, 하이파이브 같은 재주도 가르칠 수 있다.

매트 또는 다른 정해진 물건 위로 올라가는 것은 고양이에게 가르쳐야 하는 중요한 행동이다. 수정할 행동이 무엇이냐에 따라

▶ 고양이가 목표행동을 하면 그 즉시 클릭하고 먹이 보상을 준다. 이 경우의 목표행동은 네 발 모두 매트 위에 올리고 있는 것이다.

다르지만 매트 또는 스툴은 이 책에 나오는 행동문제들을 다룰 때 고양이가 있어야 하는 기본 위치가 된다. 고양이의 이 특별 장소는 문제에 따라 기능이 달라진다. 키 큰 스툴은 부엌 조리대와 높이가 거의 같기 때문에 조리대 서퍼들에게 완벽한 장소가 된다. 고양이는 조리대보다 스툴 위에 앉는 것이 더 재미있고 보상까지 받는다는 것을 알게 된다. 열린 문 사이로 돌진하는 고양이에게는 문이 열려있는 동안에도 매트, 스툴, 캣타워 또는 다른 장소에서 꽤 오랫동안 기다리기를 가르칠 수 있다.

음성 신호 덧붙이기

유인하기로 가르쳤건 행동형성하기로 가르쳤건 간에 고양이가 매트 위에 올라가기를 배운 다음에는 음성 신호를 덧붙인다. 매트를 고양이 옆에 내려놓는 것으로 신호를 주고, 고양이가 매트 위에 올라가기를 열 번 중 여덟 번 정도 성공적으로 해내며 완벽하게 그 행동을 이해한 다음에만 음성 신호를 덧붙인다. 매트를 고양이 옆에 내려놓으면서 '매트', '올라가' 또는 그 외에 정해둔 지시어를 말한다. 한 번 정한 지시어는 바꾸지 않는다. 고양이가 지정된 받침대 위에 올라서면 클릭을 한 다음 그 밖으로 먹이 보상을 던져주는 것도 잊지 말자.

> **아무리 잘해도 클릭은 딱 한 번만!**
> 고양이가 완벽하게 행동을 해냈을 때 또는 기대 이상으로 잘 해냈을 때도 클리커를 여러 번 누르고 싶은 충동을 이겨내야 한다. 클릭은 반드시 딱 한 번만 해야 한다. 정 고마움을 표시하고 싶다면 먹이 보상을 두 배로 주고 열광적으로 칭찬해준다. 고양이가 스스로 세상에서 최고로 멋진 고양이라고 여기게 될 정도로 말이다.

클릭과 먹이 보상을
차츰 줄여나간다

고양이와 보호자 모두 클리커 트레이닝에 완전히 숙달됐다면 그리고 고양이가 며칠째 성해진 행동을 완벽하게 하고 있다면, 이제는 더 이상 올바른 행동을 할 때마다 클릭으로 그 행동을 표시해줄 필요가 없다. 좀 더 후에는 매번 먹이 보상으로 보답해줄 필요도 없다.

클리커는 새 행동을 가르칠 때, 행동을 수정할 때, 그리고 필요에 따라 행동을 더 강화해줄 때(모든 동물은 게을러지기 마련이다)만 사용한다. 고양이가 며칠 또는 몇 주 동안 우리 음성 신호에 맞춰 올바르게 행동하게 되면 클릭하기를 차츰 줄여나가면서 그 대신 '잘했어' 같은 간단한 칭찬으로 대체해나간다.

중요한 것은 이 과정이 반드시 점진적으로 진행돼야 한다는 것이다. 평소처럼 음성 신호를 주는 것은 같지만 고양이가 제대로 행동할 때마다 클릭을 하는 게 아니라 다섯 번 중 네 번만 클릭을 하되 매번 "잘했어."라고 칭찬해준다. 클리커로 이벤트를 표시하는 횟수를 차츰 줄여나가면서 결국은 클리커를 쓰지 않는다. 그 대신 올바르게 할 때마다 칭찬해주는 것은 잊지 말자. 만약 고양이가 신호를 받고도 행동을 하지 않는다면 다시 그 행동이 확실해질 때까지 매번 클릭을 해주는 단계로 되돌아간다. 그런 다음 다시 차차 클릭하는 횟수를 줄여나간다. 신호를 받고는 행동을 하다가 마는 등 고양이가 약간 세을러지기 시작한다면 다시 행동을 표시해주기 위해 클리커를 눌러야 한다.

먹이 보상의 빈도를 줄이는 것도 같은 방법으로 진행하면 된다. 클리커 트레이닝 세계에서는 이것을 '**변동 강화 계획**variable schedule of reinforcement' 이라 한다. 신호에 해당하는 행동을 고양이가 할 때마다 매번 먹이 보상을 주는 대신 '무작위'로 주는 것이다. 다섯 번 중 네 번만 주기 시작해서 다섯 번 중 두 번만 줄 때까지 먹이 보상의 빈도를 차츰 줄여나간다. 고양이가 우리 지시대로 행동하지 않거나 임무를 완성하는 데 평소보다 시간이 더 걸린다면 진도가 너무 빨랐기 때문이다. 이럴 때는 고양이가 정확하게 행동할 때마다 클릭하고 먹이 보상을 주는 단계로 되돌아가야 한다. 결국은 다시 보상의 빈도를 차츰차츰 줄여나갈 수 있지만 고양이가 우리 요청에 따르는 게 가치 있다고 여길 만큼은 보답해줘야 한다는 것을 기억하자. 절대로 보상을 완전히 그만둬서는 안 된다. 사람도 공짜로는 오래 일하지 못하듯 고양이도 마찬가지다.

어떤 행동은 매번 클릭과 먹이 보상으로 강화해줘야 한다. 동물병원 진료 과정 동안 고양이를 편안하게 해줄 때가 그렇다. 이때는 먹이 보상을 매번 줘야 할 뿐만 아니라 고양이가 '열렬히 좋아하는 것'으로 줘야 한다.

일관성 있게
꾸준히 해야 한다

부적절한 행동을 성공적으로 바꾸려면 클리커 트레이닝을 매일 해야 한다. 처음 시작할 때는 고양이의 집중력이 오래가지 못하기 때문에 세션을 짧게 여러 번 나눠서 진행해야 효과적이다. 세션 길이는 고양이가 클리커 트레이닝 과정을 이해하고 즐기게 되면서 차차 늘릴 수 있다. 세션은 하루에 한 번 이상 하는 것이 최상이다. 모든 세상 이치가 그렇듯 연습할수록 더 능숙해진다. 고양이는 일관성을 좋아하기 때문에 매일 같은 시간에 세션을 한 번이라도 갖도록 노력한다. 살다 보면 꼬박꼬박 일과표를 지키기가 참 힘든 법이지만 최선을 다해야 한다.

클리커 트레이닝은 강력하다! 이번 장에서 언급된 몇 가지 기본 테크닉과 그리고 다음 장에서 논의될 대안 활동과 환경관리법의 병행은 고양이와 보호자 간의 기본적인 유대감을 강화시켜주고 부적절한 행동을 없앨 기반을 만들어줄 것이다. 다음 장부터는 특정 문제행동과 그 행동을 수정할 수 있는 클리커 트레이닝 방법이 설명된다.

한눈에 보는 클리커 트레이닝 과정

▶ 1단계 : 클리커 장전하기

클리커를 누르면서 동시에 먹이 보상 주기를 수차례 반복한다. 고양이가 클릭 소리를 듣고 먹이 보상을 찾는 반응을 보이면 "클릭 소리=먹이=즐거운 일"이라는 학습이 이뤄진 것이다. 이 단계 없이는 클릭 소리는 아무 의미도, 아무 효력도 없다.

"아! 저 클릭 소리가 나면
행복한 일이 생기는구나!"

▶ 2단계 : 가르치고 싶은 행동 정의하기

가르치고 싶은 행동을 정하고 그 행동에 대해 상세히 정의해둬야 그 순간에만 정확하게 클릭을 해줄 수 있다. 예를 들어 악수하기를 가르치고 싶다면, "악수하기란, 고양이가 엉덩이를 땅에 붙이고 앉은 상태에서 오른쪽 앞발(우리가 볼 때는 왼쪽 앞발)을 하나 들어내 오른손 위에 올려놓으면 내가 고양이 앞발을 잡고 가볍게 흔드는 것이다."라고 구체적으로 기준을 세워둔다.

▶ 3단계 : 행동 포착해서 클릭해주기

고양이가 우리가 가르치고 싶은 행동(앉기, 내려오기, 이름 부르면 오기 등등)을 할 때마다 클릭하고 먹이 보상을 준다. 고양이가 그 행동을 할 때까지 기다렸다가 포착하는 기법, 행동을 유도하는 기법, 조금 복잡한 행동인 경우에는 전체 행동을 여러 과정으로 잘게 쪼개 단계별로 강화해나가는 행동형성하기 기법을 쓸 수도 있다. 원하는 행동을 하지 않을 때는 아무 반응도 보이지 않으면 된다. 잘하면 클릭과 먹이 보상을 주고, 못하면 아무 반응도 하지 않는 것이 클리커 트레이닝의 기본 원칙이다.

"어? 내가 이 행동을 하니까
클릭 소리가 나네? 또 해야겠다."

▶ 4단계 : 행동에 음성 신호 덧붙이기

고양이가 그 행동을 자발적으로 자주 반복하기 시작하면 행동에 음성 신호를 덧붙인다. 그 행동을 배우기 전까지는 '앉아' 라는 소리는 고양이에게 아무 의미 없는 소리다.

"아하! 이렇게 하는 게
'앉아' 라는 거구나!"

▶ 5단계 : 클리커와 먹이 보상 줄여나가기

우리의 음성 신호 혹은 수신호에 제대로 반응하면 즉, 학습이 완성되면 클리커와 간식은 차츰차츰 줄여나가다가 결국은 없앨 수 있다. 필요에 따라 가끔씩만 사용해 강화해주면 된다.

클리커 트레이닝에서 흔한 실수 몇 가지

◆ 고양이를 부르거나 시선을 끌기 위해 클리커를 누르는 것은 금물! 클리커는 고양이가 그 순간 하고 있는 행동을 정확하게 표시하고 그 행동을 강화시키기 위해 사용하는 도구다.

◆ 클릭 소리가 "먹이 보상 = 칭찬"을 의미한다는 사실을 고양이에게 먼저 알려준 뒤 클리커 트레이닝을 시작해야 한다. 이 단계가 이뤄지지 않으면 클릭 소리는 아무 힘도 발휘하지 못한다.

◆ 세션은 5분 이내로 짧게! 1분짜리 세션을 여러 번 하는 것이 5분짜리 세션을 한 번 하는 것보다 훨씬 더 학습 효과가 좋다. 또한 고양이가 한참 재미있어 하는 순간에 그만 둬야 학습 효과가 좋다.

◆ 먹이 보상을 주는 타이밍이 중요한 게 아니다. 클리커를 누르는 타이밍이 중요하다. 클리커 트레이닝에서는 클리커를 누르는 타이밍이 전부라 해도 과언이 아니다.

◆ 정말 많이 칭찬해주고 싶을 때는 클리커를 여러 번 누르는 것이 아니라 먹이 보상을 많이 준다. 클리커는 언제나 딱 한 번만! 그 행동을 하는 순간에 누른다!

▶ 최종적으로는 고양이가 올바른 행동을 할 때마다 클릭하지 않아도 된다.
　고양이가 행동에 완전히 능숙해진 다음에는 먹이 보상의 빈도를 줄여나갈 수 있다.

CHAPTER
2

조리대에
못 올라가게 하기

조리대에 못 올라가게 하기

조리대 서퍼

부엌 조리대에서 서핑하기, 키보드 위에서 산책하기, 식탁에서 춤추기, 모두 보호자를 좌절하고 화나게 만드는 일반적인 고양이 행동이다. 기름을 잔뜩 두른 프라이팬에 음식을 볶으면서 고양이가 가스레인지 위로 뛰어오르지 못하게 막는 것은 정말 골치 아프고 위험한 일이다. 이런 행동을 못 하게 하기 위해 각종 벌부터 응석 받아주기에 이르기까지 다양한 방법들이 사용되고 있지만 그 행동 속에 내재된 원인을 다루는 것이 아니기 때문에 대부분은 성공적이지 못하다.

서핑을 못 하게 하려고 주로 물뿌리개, 큰 소음, 충격을 주는 용품, 접근 방지용 자동 스프레이 그리고 소리 지르기 등을 사용하는데 대부분 효과가 없는 처벌 방법들이다. 이런 처벌 도구 중에는 물뿌리개와 같이 고양이의 생명을 구하는 데 효과적인 것도 있다. 물뿌리개로 물을 뿜으면 그 순간 고양이가 가스 불 위로 뛰어오르는 것을 막을 수 있다. 하지만 적절하게 사용될 때 생명을 구할 수는 있지만 장기적으로 봤을 때 물뿌리개를 비롯한 처벌 도구들은 그 행동을 안 하도록 가르치지는 못한다.

충격 매트shock mat▼와 '쉭' 하는 소리가 나는 에어캔 같은 처벌 도구를 사용하면 고양이의 부적절한 행동이 더 악화되거나 다른 문제행동이 표출되는 경우도 많다. 또

▼ 전기가 흘러 개나 고양이가 접근하지 못하도록 고안된 매트 - 옮긴이주

고양이를 놀라게 만들기 때문에 가까이 있는 동물이나 사람을 물거나 하악질 같이 '방향 전환된 공격성'을 도출시킬 수 있다. 게다가 이런 벌은 고양이와 보호자 간의 유대감을 손상시켜 고양이가 보호자 주변에 있을 때 두려움과 불안감을 느끼게 만든다. 불행하게도 고양이가 벌과 벌주는 사람 간에 연관을 형성해버리는 것이다.

클리커 트레이닝은 환경관리법과 함께 병행되면 좌절감 없이 재미있는 방식으로 고양이가 조리대, 컴퓨터 키보드, 그 외에 우리가 원치 않는 곳에서 떨어져있도록 교육시킬 수 있다. 벌이나 두려움을 유발하는 다른 도구 없이도 말이다. 고양이와 보호자 모두 즐거운 것은 물론 유대감까지 강화되는 혜택은 덤이다.

조리대 서핑 문제 해결 도구 상자

- 1차 강화물 : 먹이 보상
- 2차 강화물 : 클리커
- 타깃 막대기 : 연필 또는 나무젓가락
- 플라스틱 매트
- 넓은 양면테이프
- 대안 장소로 제공해줄 받침대 : 캣타워, 창문 해먹, 키 큰 스툴

문제 행동의
원인 찾기

성공적으로 행동을 수정하기 위해서는 그 행동의 근본 원인을 찾은 다음 부적절한 행동의 방아쇠 역할을 하는 요소를 관리, 수정 또는 제거하는 것이 중요하다. 또 고양이가 부적절한 행동 대신 할 수 있는 더 재미있는 뭔가를 제공해주는 것도 필수적이다. 우선 탐정처럼 고양이의 조리대 서핑 동기가 무엇인지 조사해보자. 그 행동을 유발시키는 것이 무엇이냐에 따라 해결법이 달라지므로 원인을 밝히는 것은 중요하다. 조리대 서핑의 원인은 대개 뻔하지만 심도 있는 수사가 필요한 경우도 있다.

조리대 서핑의 일차적인 동기 요소는 바로 '음식'이다. 지난 저녁 식사 흔적이 아주 조금이라도 남아있거나 수세미를 탈출한 음식 찌꺼기가 어딘가에 붙어있을 수 있다. 또는 접시가 개수대 안에 그대로 있거나 냉장고행을 기다리는 남은 음식이 있을 수도 있다. 음식물쓰레기 처리장치는 고양이에게 완벽한 보물 창고다. 후각이 매우 발달한 고양이에 비하면 우리 후각은 탐지를 시작조차 할 수 없을 만큼 형편없다. 음식에 동기부여되는 고양이는 '식도락가형'이라 할 수 있다.

한편, 대개 음식이 고양이의 주요 조리대 서핑 원인이긴 하지만 또 다른 이유도 있다. 고양이는 대부분 높은 곳에 있기를 좋아한다. 높이는 고양

▶ 클리커 트레이닝을 환경관리법과 병행하면 조리대에 올라가지 않게 교육시킬 수 있다.

이가 자기 지위를 표현하는 방법 중 하나다. 조리대 위는 부엌에서 무슨 일이 일어나는지 누가 오가는지 모든 것을 지켜볼 수 있는 곳이다. 많은 고양이가 사람과 눈높이를 맞춰 교감하는 것을 즐긴다. 조리대는 고양이가 보호자와 사회적 상호작용을 하고 관계를 형성할 완벽한 기회를 주는 곳이다. 게다가 조리대 옆에 창문이라도 있다면 동네에서 일어나는 일을 모두 지켜볼 수 있는 최고의 명당자리인 셈이다. 이런 활동을 즐기는 고양이는 진정한 '관계지향형networker'이라 할 수 있다.

안전 및 안정감은 모든 고양이가 최우선시하는 사안이지만 유난히 더 겁이 많은 고양이도 있다. 이런 '안전추구형'들에게는 불편하게 느껴지는 다른 동물이나 동거인을 지켜볼 수 있는 장소가 바로 조리대 위다. 특히 개가 접근하지 못하는 안전한 천국과도 같은 곳이다. 또 고양이는 자기를 쫓아다니거나 귀찮게 하는 걸음마를 시작한 아이에게도 불안감을 느끼는데 이때도 조리대 위가 손쉬운 탈출 장소가 된다.

게다가 우리는 부지불식간에 조리대에 올라온 고양이와 어울리는 것으로 조리대 서핑 행동을 강화하고 부추긴다. 고양이는 대부분 보호자와 상

▶ 음식은 조리대 서핑의 주요 원인이다. 조리대는 항상 깨끗이 하고 설거지도 깨끗이 한다.

호작용하는 것을 좋아하기 때문에 고양이를 들어올리는 것, 말 거는 것, 심지어 소리치는 것조차 조리대 서핑 행동을 강화할 수 있다. 그래서 조리대 서핑은 재미있을 뿐만 아니라 관심도 얻을 수 있는 활동이 된다. 어떤 '관심추구형' 고양이들은 조리대 위로 끊임없이 뛰어오르거나 물건을 조리대 아래로 떨어뜨리는 것으로 행동이 더 악화되면서 이를 점점 자기들만 즐거울 뿐인 게임으로 발전시킨다.

이렇듯 고양이가 조리대 서핑을 하는 이유는 다양하다. 고양이는 복잡한 생명체고 보통 하나 이상의 타당하고 합리적인 동기를 가지고 있다. 어쨌든 고양이 입장에서는 말이다.

왜 조리대 위에 올라가나?
고양이가 조리대 위에 올라가는 주요 원인에는 다음과 같은 것이 있다.
- 맛있는 음식을 얻기 위해
- 지위를 표현하기 위해
- 집 안(동네)을 한눈에 살피기 위해
- 좋아하는 사람과 눈높이를 맞추며 관계를 맺기 위해
- 다른 동물과 아이를 피하기 위해
- 관심을 얻기 위해

환경관리법 : 유형에 따라
환경 '관리' 하기

식도락가형의 주요 서핑 동기가 조리대 위에 남겨진 점심 잔반이거나 개수대 속 접시라면 가장 먼저 할 일은 접시를 닦고, 싱크대를 씻고, 모든 음식을 치우는 것이다. 조리대를 런웨이로 쓰지 못하게 고양이를 납득시키는 것보다 각자가 먹은 접시를 식기세척기 안에 넣고 조리대 위를 늘 깨끗이 하도록 아이나 배우자를 납득시키는 편이 훨씬 더 어려울 수 있지만, 어쨌든 한집에 사는 식구인 이상 각자 자기 몫을 다해야 한다.

함께 사는 다른 동물이나 아이로부터의 안전한 안식처로써 조리대 위를 고집하는 안전추구형을 위해서는 캣타워를 한두 개 사거나 만들어 서핑하는 곳 옆에 놔준다. 하나는 방묘망을 달아둔 부엌 창문 옆에 놓아준다면 고양이로서는 더할 나위 없이 고마울 것이다. 다른 동물이나 아이들의 손이 닿지 않는 튼튼한 벽 선반이나 창문 해먹도 안식처 역할을 한다. 이런 캣타워와 창문 해먹은 개나 어린아이 손이 닿지 않을 만큼 충분히 높아야 한다. 다른 동거 동물이 고양이에게 가까이 가지 못하게 상황을 관리하는 것도 고양이를 안전하고 행복하게 해준다.

관계지향형은 높은 곳에 있기를 좋아한다. 서핑을 하는 조리대 가까이에 높이가 다른 선반들이 달린 캣타워나 키가 큰 스툴 또는 편안한 벽 선반,

창문 해먹을 놓을 필요가 있다. 가까이에 창문이 있다면 동네를 살펴볼 수 있는 키 큰 스툴 위에 앉아있는 것에 푹 빠질 것이다.

관심추구형도 키 큰 스툴이 필요하다. 이들은 식도락가형, 안전추구형, 관계지향형과는 다른 관리가 필요한데, 관리 테크닉들이 오히려 이들의 관심추구 행동을 강화시킬 수 있기 때문이다. 뒤에서 더 자세히 설명된다.

▶ 조리대 옆에 키 큰 스툴을 놓으면 고양이가 앉을 '대안 장소'를 제공하는 것이다.

대신할 수 있는
대안 행동을 찾아준다

다음 순서는, 조리대를 고양이가 놀기 불편한 장소로 만들고 동시에 고양이의 서핑 욕구를 만족시켜줄 바람직한 대안 장소를 제공해주는 것이다. 양면테이프가 효과가 좋은데 대부분의 고양이가 그 느낌을 좋아하지 않기 때문이다. 저렴한 플라스틱 매트를 하나 사서 필요에 따라 크기를 자른 다음 한쪽 면에 양면테이프를 붙인다. 끈적이는 면이 위로 향하도록 조리대 위에 매트를 놓는다. 조리대 위에 이런 장애물을 두면 고양이가 조리대나 그 주변을 탐색하기가 힘들어진다.

중요한 것은, 조리대를 고양이에게 비매력적인 장소로 바꾸는 동시에 조리대 서핑 동기를 만족시켜줄 다른 대안 장소를 제공해주는 것이다. 그래야 설득력이 있다. 대신할 수 있는 더 매력적이고 재미있는 것은 주지 않고 무조건 못 하게 하거나 치워버리는 것은 금물이다. 원치 않는 행동을 성공적으로 바꾸기 위해서는 고양이가 오랫동안 해왔던 것보다 훨씬 더 재미있는 새로운 것이 필요하다. 조리대 및 식탁 높이와 비슷한 키 큰 부엌 의자나 바 스툴이 조리대를 대신하기에 이상적이다. 스툴을 놓기 가장 좋은 위치 역시 죽 서핑을 해오던 조리대 또는 식탁 옆이다. 창문 해먹이나 1.5~1.8미터 높이의 캣타워도 좋은 대안 장소가 될 수 있다.

▶ 양면테이프를 붙인 매트를 올려놓아서 조리대를 올라가고 싶지 않은 장소로 만든다.

더 재미있는 것을 하게 해준다

환경관리와 더불어 서핑 행동의 원인을 수정하고, 대신할 수 있는 뭔가를 고양이에게 제공해야 한다. 중요한 것은, 그 행동의 근본 원인을 수정하거나 제거할 때는 원래의 부적절한 행동보다 더 재미있고 더 강한 동기를 일으키는 다른 활동이 있어야 한다는 것이다. 클리커 트레이닝은 이런 면에서 완벽하다. 일관성 있게 기본 원칙에 따라 연습하면 재미도 있고 고양이의 관심도 더 매력적인 것으로 돌릴 수 있다. 고양이를 위한 일종의 '대체 요법replacement therapy' 같은 것이다.

클리커 트레이닝으로
조리대 서핑 행동 고치기

이제 준비가 끝났으니 고양이에게 끈적대는 조리대보다는 조리대 옆에 있는 전용 스툴이나 창문 해먹에 있는 것이 더 재미있다는 것을 납득시킬 수 있다. 관심추구형들은 다른 이유에서 서핑을 즐기는 고양이들과는 차별화된 교육법이 필요하다. 하지만 조리대 서핑 동기가 무엇이건 간에 고양이에게 내려가라고 소리치거나 노려보거나 쓰다듬어주거나 물뿌리개로 물을 뿌려서는 안 된다는 것은 공통 사항이다.

이제 의사소통 체계를 세우고 고양이가 조리대 위에서 춤추는 것보다는 스툴 위에 있는 게 더 좋다는 우리 뜻을 알릴 차례다. 식도락가형에 속하는 고양이가 끈적이는 조리대 위를 탐험하려 들면 무심하게 고양이를 들어올린 후 바로 바닥에 내려놓는 것으로 우리 뜻을 전달한다. 이 방법은 관심추구형에겐 보통 효과적이지 않다. 관심추구형은 이것을 상호작용의 초대로 해석해 그 즉시 다시 조리대 위로 뛰어오르기 쉽다. 그 상호작용이 아주 짧고 순간적이었다 해도 고양이에겐 신나는 게임이 되므로 보호자로서는 좌절감이 더 커질 수 있다.

환경관리법과 함께 클리커 트레이닝을 사용하면 고양이에게 조리대 위보다 더 재밌는 장소가 있다는 사실을 납득시킬 수 있다. 클리커 트레이닝

▶ 조리대 시핑을 못 하게 교육시키기 전에 먼저 클리커 트레이닝의 기본 원칙부터 숙지해야 한다.

선수가 되고 싶다면 1장의 클리커 트레이닝 기초 원칙부터 완벽하게 숙지해야 한다. 먼저, 클릭 소리를 1차 강화물과 짝지어 둘을 동일한 의미로 만들어둔 상태여야 하고 고양이와 보호자 모두 타깃 트레이닝과 매트 트레이닝에 숙달되어 있어야 한다.

식도락가형, 관계지향형, 안전추구형을 위한 클리커 트레이닝

고양이가 관심추구형이 아니라면 고양이를 재빨리 조리대에서 바닥으로 내려놓는다. 바닥에 닿자마자 신호로 타깃 막대를 이용해 몇 차례 스툴 위를 톡톡 두드린다. 고양이가 타깃 트레이닝에 완전히 익숙한 상태라면 스툴 위로 바로 뛰어오를 것이다. 스툴 위로 뛰어오르면 바로 클릭을 한 다음 먹이 보상을 준다. 톡톡 두드리는 신호에 반응을 보이지 않는 고양이라면 타깃 막대를 유인물로 사용해 바닥에서부터 스툴 위까지 따라오게끔 막대의 위치를 옮긴다. 그래도 효과가 없다면 보호자부터 타깃 트레이닝 기술을 다시 연습하고 동기부여원, 즉 먹이 보상도 다시 체크해본다. 동기부여원은 '아주' 강력하게 동기를 주는 것이어야 한다. 별로 추천하고 싶지 않은 방법이지만, 상황이 아주 심각하고 즉각적인 결과가 필요할 때는 처음 두세 번은 타깃 막대 끝에 참치 캔사료 즙을 바르거나 그 외에 고양이의 '양말'을 움직이게 만들 만한 것을 동원하는 편법을 쓸 수 있다. 하지만 먹이를 유인물로 사용하는 것은 최대한 빨리 그만둬야 한다. 기억하자. 먹이는 신호가 아니라 그 일을 올바르게 하게 만드는 1차 강화물이다.

타깃으로 신호를 받은 직후 스툴 위로 점프하는 데 성공하면, 그리고 연이어 몇 차례 이 행동을 완벽하게 하면 타깃 대신 손가락으로 스툴 위를 두드리는 것으로 신호를 바꿀 수 있다. 계속 반복하면서 몇 차례 세션을 가진 다음에는 간단히 스툴 위를 손가락으로 가리킨 다음 음성 신호를 주면 된다.

다시 말하지만 고양이는 정말 똑똑한 동물이다. 어떤 고양이는 조리대 위로 뛰어오르면 거기서 내려지고 그런 다음 스툴 위로 뛰어오르면 보상을 받는다는 사실을 재빨리 간파하고는 먹이를 흡입하자마자 다시 조리대 위로 뛰어올라가는 요령을 부린다. 이는 관심추구형의 변형된 증상이다. 우리는 항상 고양이보다 한 발 앞서있어야 한다. 고양이가 이런 게임을 하고 있다는 의심이 든다면 다음에서 설명하는 관심추구형과 똑같은 방식으로 다뤄야 한다.

> **먹이를 유인물로 사용할 때의 위험성**
>
> 나는 일반적인 상황에서는 고양이를 유인하기 위해 먹이를 바른 타깃을 사용하는 걸 권하지 않는다. 유인하기는 최소한으로 사용해야 하고 문제행동이 위험할 때만 그리고 고양이가 당장 대안 행동을 해야 할 때만 한다. 먹이 유인은 두세 번만 한 다음 바로 그만둬야 한다. 모든 동물과 마찬가지로 고양이도 기회주의자이기 때문에 먹이 보상과 유인을 혼동해, 행동하기 전에 먹이 보상부터 기대하며 막상 행동은 하지 않으려 들게 된다.

관심추구형을 위한 클리커 트레이닝

관심추구형은 쉽게 확인할 수 있다. 이런 고양이들은 짜증나는 방법으로 보호자의 관심을 요구하기 일쑤다. 우리 코앞에서 울기 또는 우리 얼굴에 '발' 질하기, 테이블 아래로 물건 떨어뜨리기, 금지된 곳에 계속 올라가기, 그 외에 고양이가 원하는 결과, 즉 사람과 끊임없는 상호작용을 가져오는 다양한 행동을 반복한다.

관심추구형은 다른 유형들과는 다른 접근이 필요하다. 조리대에서 바닥으로 내려가게 하는 것이 내가 '요요현상'이라 부르는 즉, 끊임없이 다시 뛰어오르는 결과를 가져와 결국은 더 재미있어질 뿐이기 때문이다. 관심추구형들은 바닥으로 내려놓지 말고 그 반대로 한다. 즉, 멀리 딴 데로 가버리거나 등지고 서있는 것으로 고양이의 조리대 댄스 타임을 무시해버린다. 고양이에게 말을 걸지도 말고 입도 뻥긋해서는 안 된다. 고양이가 관심을 바라며 조리대 위에 있어도 마치 보이지 않는 것처럼 행동해야 한다.

조리대 서핑 중인 고양이를 무시하면서 '행동포착하기capturing behavior' 기술도 연습해야 한다. 행동포착하기는 신호나 유도 없이도 고양이가 자발적으로 혹은 우연히 하는 행동을 포착해서 강화하는 것이다. 간단하다. 조리대는 양면테이프로 덮어있기 때문에 불편하고, 편안하고 깔끔한 스툴이

▶ 고양이가 뛰어오르도록 신호를 주기 위해 타깃
으로 몇 차례 스툴 위를 두드린다.

더 매력적으로 느껴져 결국 고양이는 스툴 위로 옮겨가게 되는데, 이 옮겨가는 순간이나 점프하는 순간을 포착해 클릭을 한 다음 먹이 보상을 주면 된다. 클릭을 한 다음에는 바닥에 먹이 보상을 던진다. 먹이를 먹으려면 스툴 아래로 뛰어내려야 하기 때문에 연습은 자동적으로 리셋 된다.

모든 조리대 서퍼를 위한 클리커 트레이닝

서핑 동기가 무엇이건 간에 고양이가 스툴을 건드리거나 그 위에 올라가면 바로 클릭한다. 클릭한 직후 바로 먹이 보상을 주되 바닥 위로 던져 그걸 먹으려면 스툴 아래로 내려가게끔 한다. 다시 스툴 위를 타깃으로 두드리면서 신호를 반복한다. 스툴 위로 뛰어오를 때마다 클릭하고 먹이를 준다. 만약 조리대 위로 뛰어오른다면 식도락가형, 관계지향형, 안전추구형은 바닥에 내려오게 하고, 관심추구형은 무시한 다음 올바른 행동을 하는 순간을 포착하면서 전체 과정을 반복한다. 끈적이고 어수선한 조리대보다 스툴에 앉는 것이 훨씬 더 좋다는 것을 고양이는 금방 이해한다. 게다가 운동이 되는 것은 덤이다.

▶ 관심추구형들은 조리대를 놀기 나쁜 장소로
만듦과 동시에 아무 관심도 주지 않아야 한다.

무관심하기 그리고 행동포착하기

나와 함께 살고 있는 '벵갈'과 '사바나'는 의심의 여지 없이 둘 다 전형적인 관심추구형이며 정말 활동적이고 똑똑하다. 가끔은 누가 누구를 교육시키고 있는지 혼란스러울 지경이다. 매우 지적인 고양이들과 살다 보면 원치 않는 행동을 바꾸기 위해 사용 가능한 클리커 트레이닝 해결법을 모조리 조사하게 되는 것은 물론 동시에 틀에서 벗어난 독창적인 생각도 하게 된다.

내 고양이들은 가스레인지 위만 빼고 집 안 어디든 갈 수 있다. 가스레인지 위로 뛰어오르지 못하게 하는 교육을 시작했을 때 나는 그 위에 양면테이프가 붙여진 매트를 올려두고는 착실하게 기본 과정을 따랐다. 고양이가 그 위로 뛰어오르면 눈길 한 번, 입 한 번 뻥긋하지 않고 가스레인지에서 고양이를 들어올려 재빨리 바닥에 내려놓았다. 그러나 예상과 달리 가스레인지 위로 올라가는 행동은 더 심해졌다. 관심추구형이었던 녀석들이 재빨리 이것을 신나는 게임이라고 결론 내고는 더 많은 상호작용을 기대하며 가스레인지 위로 다시 올라가는 요요행동을 하기 시작한 것이다. 정말 짧은 순간이었지만 그들을 들어올려 바닥에 내려놓는 내 행동이 가스레인지 서핑 행동을 강화하고 있었던 것이다. 그들이 원하는 것, 즉 나와의 상호작용을 제공해주는 것으로 말이다.

시행착오 끝에 나는 원하는 행동을 '포착하는' 테크닉이 내 고양이들을 가스레인지에서 내려오게 가르치는 데 매우 효과적이라는 사실을 발견했다. 행동포착하기는 무엇보다 고양이의 움직임에 깊이 주의를 기울여야 가능하다. 고양이가 아무 유도도 없이 스스로 바람직한 행동을 하는 순간, 그 행동을 하고 있는 찰나에 클리커를 눌러 행동을 강화하고 그런 다음 즉시 먹이 보상으로 보답해준다. 내 경우에는 고양이가 스툴 위로 뛰어오르거나 서있을 때 그 즉시 클릭으로 강화하고 작은 말린 닭고기 조각으로 보상해줬다.

음성 신호 덧붙이기

고양이가 조리대보다 스툴을 더 좋아하게 되면 행동에 음성 신호를 덧붙인다. 신호에 따라 열 번 중 적어도 여덟 번 이상을 조리대가 아닌 스툴 위로 뛰어오른다면 우리가 원하는 것을 고양이가 이해했다는 의미다. 타깃으로 스툴을 두드리며 "업up." 하고 말해서 음성 신호와 그 행동을 연관시킨다. 같은 행동에 대해 일관성 있게 사용한다면 다른 단어도 당연히 효과 있다. 스툴 위로 뛰어오를 때마다 클릭한 다음 먹이 보상을 바닥에 던진다.

몇 번 더 세션을 반복하고 나면 타깃 또는 손가락으로 스툴을 두드리는 것은 차츰 줄어나가면서 음성 신호만 사용해도 된다. 조금 더 뒤에는 1장에서 설명했던 것처럼 변동 강화 스케줄로 보상을 줄 수 있다.

소거 폭발

어떤 행동을 못 하도록 교육받는 초기에는, 다른 동물과 마찬가지로 고양이에게도 클리커 트레이닝 용어로 '소거 폭발extinction burst'이라는 현상이 나타날 수 있다. 즉, 멈추게 하려는 또는 아예 없애버리려는 행동이 일시적으로 더 강해진다는 말이다. 교육 초반에 고양이가 더 자주 조리대로 올라와 우리 눈앞에 나타나거나 울기 시작해도 놀라지 말자. 이런 행동은 초반에 증가할 수 있지만 곧 점차 사라지다가 결국 없어진다. 관심추구형들이 이에 악명 높다. 하지만 이 행동은 결국 고양이가 아무런 강화 또는 보상을 받지 못한다는 것을 깨닫자마자 없어진다.

재주 가르치기

기다려, 악수, 스툴에서 다른 스툴로 점프하거나 두 스툴 사이에 있는 후프를 통과해 점프하기, 빙글 돌기, 앞발 들고 앉아있기 같이 스툴 위에서 할 수 있는 여러 가지 재주를 가르칠 수도 있다. 상상력을 사용하되 단, 안전하고 자연스러운 행동만 가르쳐야 한다. 재주를 가르치는 법은 9장에서 소개된다.

'앉아'
가르치기

고양이가 지정된 스툴 위로 올라가는 것을 완벽하게 하면 그 위에 앉아있는 것도 가르칠 수 있다. 가르치기도 쉽고 다른 사람들을 감탄하게 만들 수도 있다.

고양이가 스툴 위에 올라와있을 때 시작한다. 고양이의 머리 조금 위에 타깃 막대 또는 손가락 또는 먹이를 들고 있다가 고양이가 볼 수 있게 눈앞으로 내린다. 아마도 고양이는 타깃(손가락)이나 먹이에 닿으려고 코를 쭉 내밀 것이다. 닿으려고 몸을 뻗다 보면 자연스레 앉게 된다. 고양이의 작은 엉덩이가 스툴 위에 닿는 찰나에 정확히 클릭하고 바로 먹이를 준다. 타이밍이 가장 중요하다. 우리가 원하는 것은 고양이의 엉덩이가 스툴에 닿자마자 클릭을 해서 그 이벤트를 표시하는 것이다. 고양이가 앉기 전 또는 앉은 다음에 클릭하면 안 된다. 한편, 이 행동을 빨리 시작하게 하려고 먹이를 유인물로 사용한다면 두세 번만 반복한 뒤 먹이를 손가락으로 대체하고, 다시 최종적으로는 음성 신호로 대체해야 한다.

열 번 중 여덟 번을 정확하게 해내면 음성 신호, '앉아'를 덧붙인다. 손가락 또는 타깃을 사용해 앉으라는 신호를 주면서 "앉아."라고 말한다. 제대로 행동하는 찰나에 클릭하고 먹이를 준다.

▶ 지정된 스툴 위에 앉게 가르치는 것은 재미도 있고
조리대 서핑을 그만두게 하는 데 효과적이다.

사례연구 : 조리대 서핑 행동 고치기

상황

생후 11개월 된 제멋대로인 오렌지 색상의 수컷, 레드와 스윌은 저녁 시간을 부엌에서 보내길 좋아했다. 그중 가장 좋아하는 건 조리대 서핑과 음식물 쓰레기통 다이빙이었다. 로버트와 수는 이 고양이들을 너무 아꼈지만 집을 늘 깨끗하게 유지하고 싶은 마음 또한 강해서 이런 행동이 못마땅했다. 이들이 원하는 것은 단순했다. 직장에서 힘든 시간을 보내고 퇴근한 다음에는 집에서 저녁을 준비해 먹으며 조용히 쉬는 것이었다.

로버트와 수는 항상 규칙적으로 생활했다. 수는 저녁 6시에 고양이들에게 밥을 준 다음 6시 30분에 저녁 식사를 준비하고 7시 30분이면 가족과 함께 식사를 했다. 하지만 고양이들에겐 그들만의 스케줄과 관심 사항이 따로 있었다. 이 두 식도락가는 자기 몫의 밥을 다 흡입한 다음 조리대 위나 싱크대 안으로 뛰어들어가 수가 저녁을 준비하는 6시 35분쯤부터는 음식을 훔쳐 먹기 시작했다.

부부는 물뿌리개, 충격 매트, 접근 방지용 동작감지 자동 스프레이 등을 사용해 조리대 서핑을 그만두게 하려고 애썼지만 아무 효과도 없었다. 싱크대 위로 뛰어올랐다가 스프레이 소리에 깜짝 놀란 레드가 수를 세게 무는 사건이 일어나자 부부는 사태의 심각성을 깨달았다. 수는 레드가 무서워졌고 고양이들은 로버트와 수를 무서워하게 되었다.

평가

레드와 스윌이 조리대 서핑과 음식물 쓰레기통 다이빙을 하는 이유는 그들이 식도락가 형이기 때문이었다. 이들에게 조리대 위의 음식 조각들은 도무지 저항할 수 없는 매력을 발산했다. 요리전문가인 수가 항상 조리대 위에 근사한 뷔페식 식사를 차려놓는 것도 한몫했다. 게다가, 로버트와 수는 레드와 스윌이 조리대 위에 있을 때 그들과 다양하게 상호작용을 하는 것으로 그 행동을 강화해주고 있었다. 한편 두 고양이는 하루 종일 혼자 남겨지기 때문에 보호자가 집에 돌아오면 이들의 관심을 얻으려고 뭐든 하려 했다. 또, 불행히도 로버트와 수가 사용한 여러 가지 방법의 벌 때문에 고양이와 보호자 간의 유대감도 악화된 상태였다.

해결
나는 환경관리와 클리커 트레이닝을 병행할 것을 추천했다. 또, 집에서 물뿌리개와 접근 방지 스프레이, 충격 매트 사용을 금지시켰다.

로버트와 수는 고양이에게 집중하는 시간을 갖기 위해 일정표상에 저녁을 주기 전 10분 동안 고양이와 노는 시간을 추가했다. 또 조리대 가까이에 고양이 각자의 스툴을 놓았다. 그런 다음 수는 조리대 위가 놀기 불쾌한 장소가 되도록 플라스틱 매트 몇 장을 적당한 크기로 잘라 한쪽 면에 양면테이프를 붙인 다음 그 위에 전략적으로 배치해 놓았다. 스월이 먼저 테스트에 응했다. 조리대 위로 뛰어올라간 스월은 짜증나는 뭔가가 있음을 알고는 곧바로 내려갔다. 그 즉시 수가 스툴 위를 타깃으로 한 번 두드리자 스월이 바로 뛰어올랐고, 수는 바로 클릭을 한 다음 바닥에 보상을 던졌다. 그러자 이번에는 레드가 수가 음식을 준비하고 있던 조리대 위로 뛰어올랐다. 수는 아무 말 없이 레드를 들어올려 재빨리 바닥에 내려놓았다. 그리고 레드의 스툴을 두드렸고 레드는 스툴 위로 올라가는 것으로 응답했다. 수는 스월에게 했던 대로 레드에게도 클릭하고 보상했다.

참을성이 필요했고 소거 폭발도 약간 나타났지만 결국 고양이들은 자기가 어떤 행동을 해야 하는지 이해했다. 보호자와 고양이 모두가 클리커 트레이닝을 정말 즐기고 있었다. 게다가 클리커 트레이닝은 여러 가지 벌 때문에 악화되었던 고양이와 보호자 간의 유대감을 강화하고 신뢰감을 회복시켜주었다.

그리고 평소 조리대 위의 음식을 치워두자 고양이들의 조리대 서핑 동기는 약해졌다. 식사가 끝나면 수는 모든 접시를 설거지기계에 넣었고 조리대 위를 깨끗이 치웠으며 개수대도 깨끗이 청소했다. 몇 주 후, 레드와 스월은 수가 저녁 식사를 준비하면 스툴 위로 올라가 시간을 보내기 시작했다. 수는 이들이 바람직한 행동을 할 때마다 보상해줬고 결국 기다려, 악수, 앞발 들고 앉아있기도 가르쳤다.

'기다려'

'기다려'

위험한 문틈 돌진, 탈출

무거운 장바구니를 양손에 든 채 현관문을 열면서 레이싱카마냥 문틈으로 돌진해오는 고양이를 막으려고 몸부림 친 게 한두 번이 아닐 것이다. 언제든 달려 나갈 준비를 하고 어디든 문이 열리기만을 고대하며 사는 고양이와 살고 있을 수도 있겠다.

'문틈 돌진하기'는 절대 가볍게 넘겨서는 안 되는 행동이다. 문틈으로 돌진하는 고양이들은 결국 차로로 나가거나 영원히 사라져버리는 등 불행한 결말을 맞기 쉽다. 문이 열려도 한자리에서 가만히 기다리기를 가르쳐두면 이런 사고를 막을 수 있다.

지시에 따라 기다리기를 가르치는 것은 정말 유용한 부엌 에티켓이 되기도 한다. 고양이가 가스 불에 수염이나 꼬리를 태울 일도 없고, 음식 접시를 핥지 못하게 하는 것은 물론 고양이에 걸려 넘어질 걱정 없이 부엌 이리저리 자유롭게 음식을 옮길 수 있다. 또 '기다려'를 가르치면 지나치게 열정적인 고양이가 음식을 얻기 위해 보호자에게 달려들거나 타고 오르는 것도 간단하게 막을 수 있다.

문틈으로 돌진하는 것보다 더 많은 보상을 받을 수 있는 대안 행동을 가르치면 문틈 돌진을 그만두게 할 수 있다. 환경관리와 클리커 트레이닝을 병행하면 지정된 장소에서 기다리는 것이 더 재미있다고 고양이를 납득시킬 수 있다. 우리가 요청하는 행동이 원래 행동보다 훨씬 더 재미있어야 한다는 것을 기억하자.

단, 아무리 교육이 잘 돼있는 고양이라 해도 깜빡 실수할 수 있다는 것을 항상 염두에 둬야 한다. 문을 잘 닫아두는 것이 중요하고 고양이가 문틈을 향해 돌진하는 상황을 늘 경계하고 있어야 한다.

문틈 돌진 해결 도구 상자

- 1차 강화물 : 먹이
- 2차 강화물 : 클리커
- 타깃 막대기 : 연필이나 나무젓가락
- 대안 장소 : 캣타워, 부엌 스툴, 또는 키 큰 의자
- 환경풍부화 : 상호작용 가능한 장난감

환경관리법 : 집을 더
재미있는 곳으로 만든다

문틈 돌진형에게는 클리커 트레이닝으로 기다리기를 가르치고 또, 집 안이 바깥보다 더 매력적이고 흥미진진한 곳이라고 느끼도록 몇 가지 변화를 주면 된다. 고양이 디즈니랜드까지는 아니더라도 집이 좀 더 고양이 친화적 환경이 되도록 고양이용 가구를 추가하고 일부 사람용 가구는 재배치한다. 먹이 주기, 클리커 트레이닝, 놀이, 그리고 고양이가 좋아하는 다른 상호작용들을 일정한 계획에 맞춰 제공해주면 고양이에게 집 안에 있는 것이 집 밖에서 이리저리 배회하는 것보다 훨씬 더 매력적이라는 확신을 줄 수 있다.

고양이에게 자기가 살고 있는 세상을 내려다볼 수 있는 키 큰 가구를 마련해준다. 직접 만들 수도 있고 구입할 수도 있고 아니면 창의력을 발휘해 집에 있는 뭔가를 활용해도 된다. 이상적인 고양이 가구는 견고하고 적어도 높이가 1.5미터 이상이며 넓은 받침대와 선반이 있어야 한다. 받침대 부분이 넓고 견고해야 활동적인 고양이가 뛰어오르다가 가구가 넘어지는 사고가 일어나지 않는다. 각 선반의 위치는 함께 사는 다른 고양이에게 막혀 오도 가도 못 하는 일이 없도록 설계되어야 한다. 즉, 선반은 다른 선반 바로 위아래에 놓여서는 안 된다. 고양이가 다양한 경로로 오르내릴 수 있

▶ 고양이에게 재미도 주면서 미적으로도
　훌륭한 창의적인 고양이 가구들이 많다.

▶ 낚싯대 장난감 놀이는 고양이도
보호자도 재미있고 즐겁다.

도록 캣타워 선반의 설계는 물론 옆에 놓인 다른 가구의 배치도 신경 써야 한다. 또한 이 키 큰 고양이 가구는 고양이가 늘 지내기 좋아하는 공간에 놓아야 한다. 보통은 보호자가 대부분의 시간을 보내는 방이다.

시중에는 아주 독창적인 고양이 가구들이 많다. 진짜 나무를 그대로 이용해 만든 캣타워도 있고 견고하고 뻣뻣한 직물, 합성물질, 플라스틱, 금속 같은 재료를 함께 섞어 만든 캣타워도 있다. 넓은 벽걸이형 선반, 높은 책꽂이, 창문 해먹도 고양이에게 필요한 수직적 영역과 높이를 제공해준다.

고양이를 바쁘게 만들어주는 상호작용 장난감 또한 필수다. 각종 퍼즐 상자와 '볼앤트랙ball- and-track(p.162 사진)' 등이 인기가 좋다. 안전 차원에서 손잡이 부분을 잘라낸 종이봉투나 두꺼운 종이상자도 오락거리가 될 수 있다. 터널이나 비밀 은신처도 좋은데, 탐색하기 좋도록 구획이 많이 나뉘어 있으면 좋다. 그리고 많은 고양이가 똘똘 뭉쳐놓은 작은 종이 뭉치 쫓기를

좋아한다. 독특하고 재미있는 장난감은 수도 없이 많다. 장난감을 다 꺼내
놓지 말고 매주 바꿔가며 사용하면 지루해하는 것을 막을 수 있다. 상상력
을 이용하되 단, 직접 만든 것이건 구입한 것이건 간에 고양이에게 안전해
야 한다.

　음식은 고양이에게 도전 의식을 불러일으키는 즐거운 이벤트다. 건사
료를 주고 있다면 밥그릇 대신 '트릿볼treat ball' 안에 사료를 넣어주는 것이
좋다. 트릿볼은 안에 구멍이 뚫린 속이 빈 단단한 공 형태로, 고양이가 이
트릿볼 안에 있는 건사료 및 다른 간식을 먹으려면 계속해서 공을 굴려야
된다. 처음에는 사용법을 보여준다. 고양이와 떨어져 지내는 시간이 많다
면 목소리가 녹음된 트릿볼을 사용하는 것도 고려해볼 수 있다. 트릿볼을
이리저리 굴릴 때마다 우리가 칭찬해주는 목소리가 난다.

　개를 위한 퍼즐 장난감도 대체로 고양이에게 효과가 있다. 그중 하나는
별개로 나뉜 몇 개의 빈 공간이 있고 위에 이리저리 움직일 수 있도록 설계
된 뚜껑이 덮여있는데, 고양이가 안에 있는 먹이를 먹으려면 뚜껑을 옆으로

▶ 이 퍼즐 장난감은 고양이
가 일을 하게 만든다. 먹
으려면 플라스틱 뼈를 돌
려야 한다.

밀어야 한다. 또 플라스틱으로 된 속이 빈 납작한 그릇이 층층이 쌓여있어서 그릇 안에 있는 음식을 믹으려면 그 위에 있는 뚜껑 역할을 하는 그릇들을 돌려야 하는 것도 있다(p.77 사진).

　고양이와의 규칙적인 상호작용은 고양이를 계속 실내 생활에 만족하게 만들어주는 데 필수적이다. 매일 같은 시간대에 장난감을 사용해 고양이와 놀아준다. 이상적인 놀이 시간은 식사 시간 바로 직전이고, 놀이 세션 직후에는 바로바로 맛있는 먹이를 준다. 잠자리에 들기 전, 고양이를 위한 일일 보물찾기를 계획하는 것도 좋다. 고양이 장난감 안, 가구 또는 선반, 그 외의 장소에 건사료나 작은 간식 조각을 숨겨둔다. 그러면 고양이는 매일매일 우리와의 상호작용과 게임을 고대하게 된다. 고양이가 털 빗는 시간을 정말 좋아한다면 매일매일 그루밍 세션을 갖는다. 많은 고양이가 자기가 좋아하는 사람에게 안겨 만져지는 것을 좋아하고 또 그런 시간이 필요하기도 하다. 클리커 트레이닝도 스케줄대로 한다.

▶ 규칙적인 놀이와 '환경풍부화' 는 계속해서 고양이에게 자극을 주어 고양이를 행복하게 해준다.

안전을 위한 마이크로칩 이식

고양이가 문틈 돌진형이건 완전히 행복한 소파 잠꾸러기건 간에 일은 순식간에 우리 통제 범위를 벗어나곤 한다. 그러니 대비 차원에서 미리 고양이에게 마이크로칩을 이식해두자. 물론 마이크로칩 회사에 고양이를 등록하는 일도 해야 한다. 마이크로칩에는 보호자의 연락처 및 수의사 정보를 포함해 고양이에 대한 중요한 정보가 담겨있다. 이 정보는 마이크로칩 회사에 등록된다. 누군가가 길 잃은 고양이를 발견해 리더기로 스캔을 하면 고양이와 보호자를 다시 만나게 해줄 마이크로칩 회사 및 고양이 정보가 뜬다. 마이크로칩은 수의사가 고양이 목 뒷부분 피부 아래쪽에 삽입한다.

실내 고양이가 더 오래 산다

통계를 보면, 실내 생활만 하는 고양이가 더 건강하고 오래 산다는 것을 알 수 있다. 외출이 허락된 고양이들은 납치, 기생충 감염, 질병으로 인한 조기 사망, 독극물 등의 위험에는 물론 개나 다른 고양이, 야생동물에게 공격당하거나 자동차 사고를 당할 위험에도 노출된다.

개 출입문을 조심하자

문틈 돌진형은 문이나 창문이 살짝 열린 순간을 노리는 것으로 악명 높을 뿐만 아니라 개 출입문을 이용하는 데도 뛰어나다. 많은 고양이가 개 출입문을 여는 데 아주 능숙하다. 또는 함께 사는 개가 밖으로 나갈 때를 기다렸다가 그 다리 사이로 돌진한다. 그리고 문이 닫히면 그렇게 영영 사라져버린다.▼

▼ 국내의 경우 개 출입문은 거의 없지만, 방충망을 뚫고 나가기도 하고 드물지만 고층 아파트에서 떨어지는 사고도 일어난다. 창문마다 '방묘망'을 단단히 설치하는 것도 탈출을 막는 방법이다. - 옮긴이주

▶ 고양이가 털 빗기를 좋아한다면 매일 정해진 시간에 그루밍을 해준다.

특별 간식

더운 여름에는 집에서 만든 수프 얼음 조각으로 고양이를 시원하게 해줄 수 있다. 닭고기, 소고기, 혹은 또 다른 좋아하는 고기로 수프를 만든 다음 얼음 틀에 부어 얼린다. 양념은 대개 고양이에게 독이므로 마늘, 양파 등 아무 양념도 넣지 않는다. 수프 얼음 조각 하나를 고양이의 물그릇에 띄우거나 이리저리 치면서 놀 수 있게 넓은 쟁반에 놔준다. 고양이도 보는 이도 즐겁다.

클리커 트레이닝 :
'기다려' 가르치기

고양이는 참기에 이미 정통한 동물이다. 참을성이 성공적인 사냥을 보장하는 데 큰 영향을 미치기 때문이다. 클리커 트레이닝은 고양이의 이런 타고난 '기다리기' 행동을 효과적으로 포착하고 보상해준다. 주변에 고양이를 유혹하는 수천 가지 방해 요소가 있고 온 집 안의 문이 다 열려있어도 고양이를 가만히 기다리게 할 수 있다.

'기다려'도 앞에서 나온 다른 행동을 가르칠 때와 기본 원리는 같다. 일정 시간 동안 기다리기와 방해 요소가 있을 때, 즉 문이 열려있거나 식탁 위에 저녁이 차려져있을 때도 기다리기를 가르치려면 1장에서 가르쳤던 '올라가'와 2장에서 가르쳤던 '앉아' 두 가지가 필요하다. 즉, '기다려'를 가르치기에 앞서 고양이가 신호에 따라 앉는 법을 알고 있어야 하고 고양이가 앉을 지정 장소도 필요하다. 한동안 편히 앉아있을 수 있는 스툴, 의자, 캣타워, 선반 등을 집 안 곳곳에 미리 배치해둔다.

▶ 기다려를 가르치기 전, 음성 신호에 따라 앉는 것부터 가르쳐야 한다.

행동 유지하기, '기다려'

고양이가 '앉아'를 할 줄 알고 스툴을 오르내리는 요요증상도 없다면 이제 '앉아'를 유지하는 시간을 점차 늘려나가는 법을 가르칠 수 있다. 알렉산드라 커랜드 Alexandra Kurland가 개발한 '300번 쪼는 비둘기300 peck pigeon'라 불리는 트레이닝 테크닉은 특정 행동을 계속 유지하게 만들 뿐만 아니라 학습 정체기를 극복하는 데도 아주 유용하다. 아니면 고양이가 방해 요소가 있어도 기다릴 때 그리고 행동을 유지하고 있을 때 클릭을 해주는 것도 또 다른 접근 방법이다. 중요한 것은 고양이가 성공하도록 돕는 것이므로 접근법은 다양해도 상관없다.

자, 시작해보자. 먼저 고양이에게 지정된 곳에 앉으라고 한다. 단, 이번에는 '앉기' 행동 자체에 대해서는 클릭도 먹이 보상도 주지 않는다. 그 대신 고양이가 앉으면 속으로 조용히 "1초." 하고 말한 다음 클릭하고 먹이를 준다. 고양이가 1초가 될 때까지 얌전히 앉아있을 경우에만 클릭하고 먹이 보상을 준다. 먹이를 줄 때는 앉은 상태에서 먹을 수 있도록 바로 앞에 놔준다. 시작할 때 손바닥이 고양이를 향하도록 손을 뻗어 보이는 것으로 수신호를 덧붙일 수 있다. 낙담하지 말고 고양이가 우리가 원하는 것을 이해할 때까지 몇 번 더 시도한다.

만약 고양이가 움직이거나 아래로 뛰어내리면 다시 스툴 위에 앉으라고 신호하고 처음부터 다시 시작한다. 고양이가 앉아있는 동안 다시 속으로 '1초'를 세고 1초간 잘 앉아있으면 클릭하고 먹이 보상을 준다. 성공했으면 이번에는 고양이가 참을성 있게 기다리는 동안 더 오래 기다리길 바라며 '1초, 2초.' 하고 속으로 다시 숫자를 센다. 정해진 2초 동안 잘 앉아서 기다렸다면 클릭하고 먹이 보상을 준다. 계속해서 얌전하게 잘 기다린다면 3초로 시간을 늘려서 다시 처음부터 숫자를 센다. 3초가 될 때까지 계속 잘 앉아서 기다리면 클릭하고 먹이 보상을 준다. 만약 목표 시간을 다 세기 전에 고양이가 자리를 벗어난다면 클릭해선 안 된다. 자리를 벗어나 움직일 때는 처음부터 다시 시작하고, 시간도 다시 1초부터 시작해서 늘려나간다. 3초가 완전히 끝날 때까지 기다리면 클릭하고 먹이 보상을 준다. 이 또한 잘 해낸다면 다시 처음부터 숫자를 세되 이번에는 4초까지 늘린다. 이렇게 진행해서 신호에 맞춰 5초가 될 때까지 앉아서 기다리기를 열 번 중 여덟 번 정도 해내면 음성 신호를 덧붙일 차례다. 고양이가 앉은 다음에 "기다려."라고 말해 행동을 요청한다. 오랫동안 숫자를 세야 할 때는 중간 중간 '기다려' 음성 신호를 몇 차례 반복할 수 있다.

두 번째 행동까지 완성해 '앉아'와 '기다려', 이 두 가지 연속되는 행동을 우리 요청대로 잘 해내게 되면 우리 자신과 고양이 모두를 축하해주자. 이렇게 행동을 결합하는 것을 '행동연결하기chaining'라고 부른다.

모든 고양이는 다르다

고양이를 사랑하는 사람이라면 누구나 고양이가 저마다 독특한 개성을 가진 개체임을 안다. 행동 수정 기법을 쓸 때는 이 사실을 항상 염두에 둬야 한다. 고양이와 일하는 것은 다이나믹한 과정이다. 어떤 고양이들은 쉽게 주변 환경에 방해를 받아서 기준이 더 어려워지거나 다른 문제가 추가될 수도 있고, 또 어떤 고양이들은 오랫동안 한 가지 행동을 기꺼이 잘 유지한다. 또 세션을 더 짧게, 더 자주 해줘야 하는 고양이도 있다.

고양이는 매우 똑똑한 동물이고 아주 빨리 배운다. 문득 돌진형과 일할 때는 두 개의 기준이 필요하다. 기다려 유지하기 그리고 방해 요소가 있어도 기다리다. 고양이를 교육시키는 방법을 살짝 조절할 수도 있다. 즉, 유지하기를 먼저 가르친 다음에 몇 가지 방해 요소를 재빨리 추가하거나, 아니면 방해 요소를 추가하기 전 일정 시간 동안 기다리기의 기초를 더 철저하게 다진다. 어떤 것이건 간에 고양이가 성공할 수 있는 방법으로 교육시키는 것이 중요하다.

▶ 고양이에게 '앉아'를 요청한다. 클릭과 먹이 보상을 이용해 기다리는 시간의 길이를 차츰 늘려나간다. 인내심을 가지고 연습하면 고양이는 문이 열려있을 때도 얌전히 앉아서 기다리는 것을 배울 수 있다.

300번 쪼는 비둘기

일명 '300번 쪼는 비둘기'는 행동에 시간의 개념을 결부시키는 데 아주 유용한 테크닉이다. 말 조련사인 알렉산드라 커랜드가 이 테크닉을 처음 개발했는데, 그녀는 300번 쪼는 비둘기에 대해 다음과 같이 말한다. "이 트레이닝 전략은 변동 강화 스케줄 관찰을 위해 실행되었던 비둘기 연구에서 아이디어를 얻은 것이다. 연구자들은 천천히 체계적으로 강화 스케줄을 실행하면 한 번의 강화를 위해 300번 먹이 레버를 쪼게끔 비둘기를 훈련시킬 수 있었다. 독특한 이름도 이 때문에 생겼다."

그녀는 이 '300번 쪼기 유지하기'를 어떤 행동을 오래 유지하게 만드는 황금법칙으로 사용한다.

학습 정체기 돌파하기

고양이가 뛰어내리지 않고 의자에서 5초 동안 기다리기를 아주 성공적으로 해냈다고 치자. 그런데 6초가 되기 전에 의자에서 뛰어내려 부엌 여기저기를 돌아다닌다. 아무리 시간을 다시 재봐도 매번 6초가 되기 바로 전에 내려가버린다. 학습 정체기에 이른 것이다. '300번 쪼는 비둘기'는 이런 학습 정체기 돌파를 돕는 훌륭한 테크닉이다.

고양이에게 스툴 위로 올라와 앉으라고 신호를 준다. 그리고 '기다려' 신호를 주고 1초부터 속으로 숫자를 센다. 숫자를 다 세기 전, 예를 들어 4초경에 미리 스툴에서 내려가버린다면 다시 스툴 위로 올라오게 한 다음 처음부터 시간을 잰다. 클릭과 먹이 보상은 6초간 기다렸을 때만 준다. 이런 경우 어떻게 300번 쪼기 비둘기 테크닉이 도움이 되는지 설명하기 위해, 고양이가 아무 문제없이 5초간은 기다리기를 하지만 6초까지는 힘들어한다는 가정하에 진행해보자. 다음은 300번 쪼기 비둘기 테크닉을 이용해 학습 정체기를 극복하는 법이다.

- 차례대로, 스툴 위로 '올라와', '앉아', '기다려'를 신호한다. 그리고 조용히 숫자를 세기 시작한다. 1초, 2초, 3초, 4초, 5초. 그리고 고양이가 스툴 아래로 뛰어내린다.
- 다시 스툴 위로 '올라와', '앉아', '기다려'를 신호한다.
- 1초, 2초, 3초. 그리고 고양이가 파리를 확인하러 스툴 아래로 뛰어내린다.
- 다시 스툴 위에 앉으라고 신호한 다음 기다리라고 한다.
- 1초, 2초, 3초, 4초, 5초, 6초. 고양이가 계속 앉아있을 때 클릭하고 먹이를 준다. 6초까지 세는 동안 완벽하게 기다렸을 때만 클릭과 먹이를 준다는 것을 기억하자.

▶ 알렉산드라 커랜드의 300번 쪼는 비둘기 테크닉은 학습 정체기를 극복하는 데 뛰어난 효과가 있다.

만약 고양이의 행동에 더 이상 진전이 없고 300번 쪼기 비둘기 테크닉을 사용해도 학습 정체기를 돌파하지 못할 것 같으면 다른 변형법을 시도한다. 고양이가 성공하는 것이 중요하기 때문에 때로는 전략을 바꿀 필요가 있다. 그 변형법 중에는 고양이가 더 높은 수준의 성공을 해내야 할 때 그보다 낮은 단계의 성공에서 클릭하고 먹이 보상을 주는 것이 있다. 예를 들어, 고양이가 4초 동안 기다리기는 일관성 있게 하지만 6초까지는 기다리지 못한다면 3초일 때 클릭을 해준 다음, 다시 숫자를 세면서 시간을 차츰 늘려나간다. 다음은 5초에서 학습 정체기를 보이는 경우, 이를 돌파할 수 있는 변형법의 예다.

- 1초, 2초, 3초, 4초, 5초. 그리고 고양이가 스툴 아래로 뛰어내린다.
- 스툴 위에 앉으라고 신호하고 기다리게 한다.
- 1초, 2초, 3초. 고양이가 앉아있을 때 클릭하고 먹이 보상을 준다.
- 처음부터 다시 숫자를 센다.
- 1초, 2초, 3초, 4초. 고양이가 앉아있을 때 클릭하고 먹이 보상을 준다.
- 처음부터 다시 숫자를 센다.
- 1초, 2초, 3초, 4초, 5초. 고양이가 앉아있을 때 클릭하고 먹이 보상을 준다.
- 처음부터 다시 숫자를 센다.
- 1초, 2초, 3초, 4초, 5초, 6초. 고양이가 앉아있을 때 클릭하고 먹이 보상을 준다.

또 다른 변형법은 계속 같은 숫자에서 성공하게 해주면서 클릭하는 것이다. 예를 들어, 고양이가 6초 동안 기다리기에 성공하면 7초로 올리는 대신 성공한 6초를 계속 반복한다. 그러면 1초를 더 늘리기 전에 6초간 기다리기를 더 견고하게 만들 수 있다. 우리 목표는 고양이가 정해진 시간 동안 기다리기에 성공하는 것인 만큼 고양이의 성공을 보장하기 위해 때로는 트레이닝 전략을 유동적으로 바꿀 필요가 있다.

방해 요소 추가하기

우리가 원하는 것은, 현관문이 열리고, 부엌에선 식사 준비가 한창이고, 집에서 그 외의 다른 사건이 일어나도 고양이가 얌전히 앉아서 기다리는 것이다. 이제 기다리기 행동에 낮은 수준의 방해 요소부터 추가해나간다. 고양이가 일정 시간 동안 앉아있기를 잘하면 낮은 수준의 방해 요소부터 시작한다. 기다리라고 한 다음, 뒤로 한 걸음 물러나보자. 고양이가 그대로 기다리면 클릭하고 먹이 보상을 준다. 고양이가 기다리는 동안 다시 왼쪽 또는 오른쪽으로 한 걸음 움직여본다. 고양이와의 거리를 차츰 늘려나가되 고양이가 정해진 장소에서 잘 기다리고 있을 때 항상 그곳으로 돌아가서 클릭하고 먹이 보상을 준다. 고양이가 뛰어내리거나 멀리 가버리면 클릭도 먹이 보상도 없다. 바람직한 행동은 강화하고 원치 않는 행동은 무시한다. 고양이가 기다리기를 하는 동안 우리가 부엌 여기저기로 돌아다닐 수 있게 될 때까지 거리 및 방향 변화 정도를 아주 조금씩 차츰차츰 늘려나간다. 행동유지하기와 방해 요소 추가와 관련해 고양이를 교육할 때는 고양이가 얼마나 잘하고 있는지를 칭찬하는 음성 피드백을 준다. 고양이가 우리 요청대로 할 때 클릭하고 먹이 보상을 준다.

문틈 돌진하기를 그만두게 하는 교육을 할 때는 방해 요소를 차츰차츰 늘려야 한다. 기다리라고 한 다음에 문손잡이를 돌려본다. 고양이가 계속 기다린다면 클릭하고 먹이 보상을 준다. 만약 문으로 돌진하려 들면 딴 데로 가버려서 짧게 '타임아웃timeout'을 준다. 잠시 후 다시 시도하되 이번에는 다른 위치에서 해서 고양이의 시야를 바꿔준다. 최고 수준의 방해 요소에 이를 때까지 즉, 문이 열려있는 상태까지 차츰차츰 방해가 되는 활동을 추가해가면서 300번 쪼기 비둘기 테크닉이든 그 변형법이든을 사용해 기다리는 시간을 천천히 늘려나간다. 만약 고양이가 문을 향해 튀어나간다면 빨리

▶ 차츰 방해 요소를 추가하고 거리를 늘려나간다. 고양이가 기다리고 있을 때 강화해 준다.

문을 닫고 짧게 타임아웃을 준 다음 난이도를 더 낮춰서 다시 시도한다. 가끔씩 위치를 바꾸는 것도 기억하자. 다양한 상황에서 그리고 다양한 방해 요소 속에서도 그 행동을 견고하게 만들기 위해 고양이를 다른 지정 장소에서 교육한다. 결국 고양이는 자기 위치와 상관없이 요청에 따라 앉아서 기다려야 한다.

기본 원칙을 잊지 않는다

기본 원칙을 다시 떠올려보자. 고양이가 여전히 따라오지 못한다면 너무 많은 것을 너무 급하게 요구했기 때문일 수 있다. 기다리기를 힌 세션 만에 완벽하게 해내길 기대해선 안 된다. 모든 고양이는 다르고 어떤 고양이는 유난히 더 시간이 오래 걸릴 수 있다. 우리 마음의 시계를 '고양이 시간'에 맞추고 고양이가 원하는 속도로 진행해야 한다.

또 우리가 클리커를 누르는 '순간'에 주의해야 한다. 클릭을 너무 늦게 또는 너무 빨리, 즉 엉뚱한 행동을 표시하고 있거나 실수로 상충되는 행동을 클릭해서 고양이를 혼란스럽게 할 수 있다. 아니면 세션이 너무 길 수도 있다. 고양이는 세션이 짧을 때 최고의 능률을 보인다.

또 시간 증가량이 너무 길지는 않았는지 돌이켜보자. 꼬박 1초를 기다리지 말고 요구하는 시간을 줄여보자. 즉, '1초' 대신 '1'이라 세고 그동안 잘 기다렸다면 클릭하고 먹이를 준다. 처음에는 1, 2, 3처럼 숫자만 세고 그 다음에 '초'까지 덧붙여 온전하게 시간을 센다. 또 우리가 주고 있는 먹이 보상의 매력도도 재평가해볼 필요가 있다. 먹이 보상이 충분히 동기부여되지 않을 수도 있기 때문이다. 고양이의 마음이 바뀌어서 처음에는 좋아했던 먹이 보상이 이제는 별 매력이 없게 됐을 수도 있다.

잘 기다렸을 때 보상을 주는 위치

문틈 돌진형에게는 기다리기를 교육받는 곳에서 보상을 줘야 한다. 즉 지정된 스툴에서 기다리기를 가르치고 있다면 클릭을 한 다음 스툴 위 고양이 앞에 먹이 보상을 두고 캣타워에서 기다리기를 가르칠 때는 캣타워 위에 준다. 스툴이나 캣타워 밖으로 먹이를 던져서는 안 된다. 우리가 원하는 것은 요청에 따라 한 장소에서 시간이 흘러도 계속 기다리는 것이기 때문이다.

사례연구 : 문틈 돌진

상황

아름답고 큼지막한 얼룩무늬를 가진 수컷, 레오를 만난 사람이라면 하나같이 감탄을 금치 못하고 레오에게 푹 빠진다. 린다는 레오가 5개월일 때 한 브리더에게서 입양해왔다. 레오는 매우 다정하고 활동적이었고 린다와 함께 있는 것을 좋아해 이 방 저 방 그녀를 졸졸 따라다녔다.

레오를 입양할 때 브리더는 레오가 줄을 매고 산책할 수 있다고 말했고, 바로 옆 블록에 사는 친구네 집까지 레오와 함께 걸어가는 모습을 상상하던 린다는 동네 사람들에게 산책하는 레오의 모습을 보여주면 즐겁겠다는 생각이 들었다. 린다는 고양이용 산책재킷[walking jacket]▼과 줄을 산 다음 브리더의 지시대로 레오를 이 용품들에 익숙해지게 했다. 2주 정도 연습하고 나자 린다는 이제 레오와 함께 바깥세상을 모험할 준비가 됐다고 느꼈다.

마침내 레오가 세상 밖으로 나간 첫날, 산책은 재미있었고, 만나는 이웃들마다 모두 감탄하며 레오를 만져줬다. 레오는 그런 관심을 즐기며 제왕처럼 걸었다. 린다는 처음에는 외출이 성공적이었다고 생각했지만 곧 생각이 바뀌기 시작했다. 산책 다음날이 되자 레오는 현관문만 열리면 문틈으로 돌진하며 야옹야옹 울어대기 시작했다. 이 행동은 점점 더 심해졌다. 일주일도 안 돼서 레오는 문과 창문 앞에서 하울링을 했고 기회만 있으면 뛰어나갈 시도를 했다. 실제로 탈출에 몇 차례 성공했지만 다행히 그때마다 레오가 제일 좋아하는 닭고기 간식으로 유인해 다시 집에 돌아오게 할 수 있었다. 린다는 이 문틈 돌진 사건이 있고 두 달 뒤 내게 도움을 요청하는 전화를 걸어왔다.

▼ 조끼 모양의 하네스 같은 것으로 이곳에 줄을 연결한다. - 옮긴이주

평가

결과적으로 산책은 레오가 더 많은 것을 원하게 만들었다. 바깥세상은 실내보다 훨씬 더 매력적이었고 만나는 사람마다 펑펑 관심을 쏟아부어줬다. 이 매력적인 친구에게 이보다 더 완벽한 경험은 없었다. 게다가 린다의 집을 처음 방문했던 날, 나는 멋지게 디자인된 그 아파트가 고양이의 입장에서는 매우 단조로운 공간임을 알아차렸다. 레오가 마음껏 오르내릴 수 있는 전용 캣타워나 창문 해먹 하나 없었고, 도전의식을 불러일으키는 고양이 장난감도 없었다. 더군다나 린다의 직장 스케줄은 너무 빡빡해서 레오와 충분한 시간을 보낼 수가 없었다.

추천

나는 린다에게 레오에게 클리커 트레이닝을 시키고, 집을 고양이 친화적 공간으로 더 재미있게 바꿀 것을 제안했다. 또 놀아주기, 먹이 주기, 퇴근 후 집중적으로 고양이와 시간 보내기 그리고 클리커 트레이닝을 스케줄에 따라 일관성 있게 하도록 했다.

린다는 키가 큰 캣타워를 두 개 사서 하나는 침실에, 하나는 거실에 뒀는데 특히 거실 것은 현관문 맞은편에 놓았다. 캣타워 둘 다 레오가 느긋하게 누워있을 수 있는 널찍한 선반이 있었다. 우리는 거실에 있는 캣타워의 선반 중 하나를 '레오 자리'로 지정했다. 또 다른 레오 자리는 부엌에 있는 스툴이었다. 또 레오에게 먹이 퍼즐과 새 상호작용 장난감도 선물했다. 놀이는 중요한 것이기 때문에, 린다는 사냥을 모방한 놀이인 낚싯대 장난감을 사용하기 시작했다.

린다는 즉시 레오와 클리커 트레이닝을 시작했고 레오는 금세 클릭 소리의 의미를 이해하고 열정적으로 참여했다. 두 번째 세션이 되자 레오는 요청에 따라 두 개의 자기 자리에 앉아있을 수 있었다. 린다는 차츰차츰 시간을 늘려가면서 레오에게 캣타워에서 기다리기를 가르쳤다. 린다는 레오가 5초 동안 기다리기를 할 수 있게 되자 '기다려' 음성 신호를 덧붙였다. 7초가 되자 레오는 학습 정체기에 이르렀고, 캣타워에서 뛰어내린 다음 린다에게 달려가 다리에 몸을 비볐다. 린다는 다시 처음부터 시작했고 300번 쪼기 비둘기 테크닉의 변형법을 사용해 4초에 클릭하고 먹이 보상을 준 다음 5초로 계속 진행해나갔다. 하지만 그래도 레오는 7초에 이를 때마다 뛰어내려 린다의 다리에 몸을 비비며 똑같은 방식으로 행동했다. 린다가 아는 한 이 행동을 강화할 만한 어떤 것도 하지 않았는데 말이다. 린다는 이 과정을 촬영해 나에게 보여주었다. 나는 곧 레오가 린다의 다리에 몸을 비빌 때마다 린다가 무의식적으로 손을 아래로 뻗어 레오의 꼬리를 사랑스럽게 만져준다는 것을 알아차렸다.

나는 린다에게 다시 시작하되, 이번에는 부엌에 있는 스툴에서 레오를 가르치라고 했다. 또 스툴 바로 옆이 아닌 조리대 뒤에 서서 하라고도 조언했다. 린다는 "착하지, 레오."라고 레오를 격려하면서 1초부터 다시 시작했고 아주 빠른 속도로 10초간 기다리기까지 가르칠 수 있었다.

정체기를 극복하자 린다는 방해 요소와 움직임들을 차츰차츰 추가해나갔다. 뒷걸음질부터 시작해서 조금씩 레오의 주변을 돌아다녔다. 매번 거리나 움직임을 정말 조금씩 늘려나갔다. 레오가 또 다른 정체기에 이르자 린다는 자리를 바꿔서 처음부터 다시 했고, 낮은 수준의 방해 요소가 있는 상태에서 몇 초간 기다리는 것을 강화한 다음 차츰차츰 방해 요소 수준과 유지 시간을 늘려나갔다. 결국 레오는 방해 요소와 움직임이 있어도 스툴 위에서 15초 동안 기다릴 수 있게 되었다.

이제 문에 도전할 차례였다. 린다는 "기다려."라고 말한 다음 문 쪽으로 걸어갔다. 레오는 린다의 모든 움직임을 지켜보면서 여전히 앉아있었다. 린다는 레오에게 돌아가 클릭하고 가장 좋아하는 먹이를 보상으로 줬다. 그런 다음 조금 더 진도를 나가, 문으로 걸어가 손잡이를 건드렸다. 레오가 여전히 기다리기를 유지하자 린다는 클릭을 한 다음 먹이 보상을 줬다. 이번에는 문으로 걸어가 손잡이를 돌린 다음, 0.5센티미터 정도 살짝 문을 열었다. 레오는 번개처럼 의자에서 뛰어내렸다. 린다는 레오가 도착하기 전에 얼른 문을 닫았고, 레오에게서 돌아서서 방을 나간 다음 문을 닫았다.

약 2분 정도의 적절한 타임아웃이 끝나자 린다는 참을성 있게 레오에게 캣타워의 레오 자리로 돌아갈 것을 신호했다. 300번 쪼기 비둘기의 변형법을 이용해 레오는 결국 1분 30초 동안 기다리기까지 익숙해졌고, 그런 다음 차츰 방해 요소의 수준을 높이고 기다리기를 유지하는 시간을 늘려나갔다. 여러 세션이 걸렸지만 레오는 결국 레이싱카 출발선에서 출발 신호를 기다리듯 문을 노려보는 것을 그만뒀다.

정해진 곳에
스크래칭하기

정해진 곳에 스크래칭하기

그리고 발톱 깎는 법

스크래칭은 고양이에게 아주 일상적인 행동으로 고양이의 심리적·육체적 건강에 매우 중요하다. 고양이는 스크래칭을 하며 발톱을 유지·관리하고, 영역 표시를 하며, 스트레스를 해소하고 동시에 스트레칭도 한다. 물론 놀이 차원에서도 한다. 하지만 고양이가 자기 발톱을 연마하려고 고른 물건이 우리를 좌절과 절망에 빠트린다. 고양이가 스크래칭을 해야 하는 것은 맞지만 그렇다고 최신형 소파나 새로 산 카펫에서 해야 할 필요는 없다.

　간혹 발톱 제거 수술을 가구 스크래칭 문제의 유일한 해결책이라 생각하는 사람들이 있는데, 고양이를 교육시키고 또 스크래칭을 할 수 있는 적절한 고양이 친화적 가구를 제공해주면 충분히 해결할 수 있는 문제다. 교육 쪽이 더 쉽고 비용도 적게 들고 고통도 없으며 게다가 고양이와 보호자 간의 유대감을 쌓는 동안 행복감도 느낄 수 있다. 다시 한 번 말하지만 고양이는 똑똑하고 아주 빨리 배운다. 클리커 트레이닝을 환경관리와 함께 병행하면 고양이가 가구를 긁거나 뜯지 못하도록 가르칠 수 있다.

스크래칭 문제 해결 도구 상자

- 1차 강화물 : 먹이 보상
- 2차 강화물 : 클리커
- 억제물deterrent : 넓은 양면테이프
- 대안 스크래칭 표면들 : 수직형 스크래처, 수평형 스크래처

스크래칭을
하는 이유

스크래칭은 고양이의 다양한 기본 욕구를 만족시켜준다. 발톱 관리뿐만 아니라 의사소통, 스트레칭, 심리적 욕구 만족, 관심 끌기도 스크래칭을 하는 이유에 포함된다. 탐정 모자를 쓰고 고양이의 스크래칭 동기가 무엇인지부터 조사해보자. 고양이가 스크래칭을 하는 1차 원인을 알고 나면 환경에 몇 가지 변화를 주는 것으로 스크래칭 행동을 수정할 수 있다. 물론 클리커 트레이닝도 함께 사용해서 말이다.

발톱 관리
스크래칭은 고양이가 완벽하게 발톱을 관리할 수 있는 자연스러운 방법이다. 사람은 손발톱을 예쁘게 다듬으려면 많은 시간과 돈을 써야 하지만 고양이는 그저 가능한 물건을 찾아 스크래칭만 하면 된다. 스크래칭은 발가락 마사지가 될 뿐만 아니라, 발톱을 건강하게 유지하고 오래된 외피를 제거해 건강한 새 발톱이 계속 자라게 해준다.

> **발톱 제거술을 받은 고양이도 스크래칭이 필요하다**
> 발톱 제거술을 받은 고양이도 발톱 있는 고양이들과 같은 이유로 스크래칭을 한다. 발톱 손질은 더 이상 할 수 없지만 말이다.

의사소통, 내 존재 알리기

사람처럼 말을 할 수 없는 고양이를 위해 자연은 다른
효과적인 의사소통 시스템을 만들었다. 스크래칭이 그
중 하나다. 사실, 스크래칭은 아마도 자연이 발명한 가
장 효과적인 의사소통 방법 중 하나일 것이다. 스크래
칭은 시각, 청각, 촉각 그리고 후각을 모두 동시에 사용
해 의사소통하게 하기 때문이다. 인간이 만든 의사소통
시스템 중에는 이만큼 뽐낼 만한 것이 없다.

모든 고양이는 고유의 '발톱 자국'을 가지고 있다. 스크래칭은 누가 거
기 있었는지를 세상에 알리는 눈에 보이는 홈을 만들어낸다. 사람들이 고
양이가 증조할머니의 의자가 아닌 다른 곳에 자기 존재를 알리길 바라는 것
도 당연하다. 또, 고양이는 발바닥에 있는 냄새분비샘을 통해 정보를 퍼뜨
린다. 스크래칭한 물건에 남은 냄새는 자신에 대한 중요한 정보를 다른 고
양이에게 전하는 일종의 언론 기사 유포와 같은 것이다.

고양이가 한창 스크래칭을 하고 있을 때는 소리가 난다. 러그가 갈가리
뜯기는 독특한 소리를 듣고 있노라면 우리로선 몸이 움츠러들지만, 그 고

양이는 가청 범위 안에 있는 다른 고양이들에게 자기 존재와 영역을 알리는 것이다.

스트레칭

시원한 스트레칭보다 더 기분 좋은 것은 없다. 고양이가 수직형 물건에 스크래칭하는 모습을 보면 최대한 높이 몸을 뻗어 스트레칭도 함께 한다는 것을 알 수 있다. 고양이는 만족스런 낮잠에서 깨면 으레 스크래칭과 스트레칭을 한다. 수평형 스크래처도 스크래칭과 스트레칭의 기쁨을 함께 준다.

감정 표현

때로 고양이는 감정적인 이유로도 스크래칭을 한다. 놀고 싶은 고양이들은 한바탕 신나게 뛰놀길 기대하거나 아니면 그저 흥겨운 에너지를 발산하기 위해서도 기둥에 스크래칭을 한다. 내 고양이 중 하나는 내가 일을 마치고 집에 돌아오면 제일 좋아하는 기둥에 가서 스크래칭을 하면서 내게 말을 건넨다. 또 다른 녀석은 근사한 식사를 기다릴 때와 클리커 트레이닝 세션이 길어져도 스크래칭을 한다.

> **벌은 금물이다**
>
> 벌은 효과가 없다. 왜냐하면,
> - 고양이가 스크래칭을 하는 이유를 다루지 않는다.
> - 장기적 관점의 해결책을 주지 못한다. 아무도 보고 있지 않으면 고양이는 계속 스크래칭을 할 것이다.
> - 고양이의 타고난 스크래칭 본능을 다루지 못한다.
> - 신체적, 심리적으로 고양이를 다치게 할 수 있다.
> - 고양이가 벌과 벌주는 사람을 연관시키기 때문에 고양이와 보호자 간의 유대감을 악화시킨다.

고양이가 스크래칭으로 에너지를 발산해 긴장감이나 불안감을 해소하는 것은 특이한 것이 아니다. 사실, 고양이가 다른 비바람직한 스트레스 행동을 하면서가 아니라 기둥에 스크래칭을 하면서 자기감정을 표현하는 것이 더 건강한 일이다.

관심 끌기

어떤 고양이는 관심을 얻기 위해 지능적으로 사람을 조종한다. 이런 녀석들은 '관심추구형'에 속한다. 2장에서 이야기했던 조리대 위로 뛰어오르는 것과 마찬가지로, 소파, 러그, 의자에 스크래칭하는 것도 우리가 무의식적으로 강화해주고 있는 관심끌기용 행동일 수 있다. 고양이가 원치 않는 곳에 스크래칭하는 모습을 보면 우리는 보통 소리치기, 쫓아내기, 들어올리기 같은 반응을 보인다. 이런 반응이 바로 고양이가 원하는 것이다. 우리 '관심' 말이다.

▲ 고양이는 잠에서 깨면 스트레칭과 스크래칭을 한다.
이를 위한 지정 장소를 정해주는 것이 중요하다.

▶ 고양이는 놀 때도, 에너지를 발산
하고 싶을 때도 스크래칭을 한다.

올바른 스크래처
준비하기

올바른 물건에 스크래칭하는 법을 가르치는 첫 번째 단계는 고양이가 발톱을 정말 찔러 넣을 수 있는 좋은 스크래처를 주는 것이다. 고양이가 선택할 수 있도록 다양한 스크래처를 제공해주되, 모든 스크래칭 욕구를 만족시켜줄 수 있는 수평형과 수직형 스크래처가 모두 필요하다. 집 안 몇 곳에 키가 큰 수직 기둥과 수평형 그리고 비스듬히 기울어진 스크래칭 표면을 가진 스크래처를 둔다. 고양이는 스트레칭을 좋아하므로 수직형 기둥은 고양이가 몸을 쭉 펴도 여분의 공간이 남을 만큼 충분히 높아야 한다. 또 생기 넘치는 고양이가 집중적으로 스크래칭을 하다가 넘어지는 일이 없도록 스크래처의 아랫부분은 넓고 안정적이어야 한다.

촉감도 중요하다. 만약 고양이가 러그에 스크래칭을 한다면 러그와 똑같은 촉감을 주는 스크래처를 주면 안 된다. 금지된 표면과 똑같은 촉감을 주는 스크래처는 혼란만 줄 뿐이다. 고양이로서는 똑같은 촉감인데 왜 어떤 것은 되고 어떤 것은 사용 금지인지 이해하지 못한다. 금지된 것과 다른 촉감을 주는 스크래칭 표면을 제공해야 한다. 대부분 고양이는 삼줄이나 골판지 촉감을 무척 좋아한다. 삼줄로 감아놓은 키 큰 기둥과 삼줄과 비슷한 재료 또는 골판지로 만든 수평형 스크래처가 좋다.

▶ 수직형 스크래칭 기둥과 수평형 스크래처 모두 제공한다. 반드시 촉감이 집에 있는 소파나 러그와는 달라야 한다.

　　장난감과 스크래처를 결합한 상품들이 고양이나 사람에게 아주 인기가 좋다. 내가 좋아하는 것 중 하나는 중심부에 골판지로 된 평평하고 원형의 스크래처가 있고 그 주변을 탁구공이 움직일 수 있는 오픈된 트랙이 빙 감싸고 있는 것인데, 공 이외에 먹이와 장난감도 재미 차원에서 트랙 안에 둘 수 있다. 또 웨지 모양으로 기울어진 스크래처도 있는데 양쪽 옆면에 구멍이 있어서 그 안에 고양이가 이리저리 치고 놀 수 있는 장난감을 매달아 둘 수 있다.

스크래칭 기둥 만들기

스크래칭 기둥을 직접 만들면 비용을 절약할 수 있다. 스크래칭 기둥은 고양이가 몸을 쭉 뻗어 스트레칭을 해도 10~15센티미터 정도가 남는 높이여야 한다. 고양이가 힘껏 스크래칭을 해도 넘어지지 않을 만큼 아랫부분이 넓고 안정적이어야 한다. 삼줄로 기둥을 감으면 좋다. 고양이는 대부분 발바닥에 느껴지는 삼줄의 촉감을 좋아한다. 단 삼줄에 기름이나 다른 화학물질 처리가 되지 않은 것을 사용해야 한다.

스크래칭 물건
대체하기

최고의 스크래처 및 스크래칭 기둥 준비가 끝났으니 이제 이 물건들이 소파나 카펫보다 훨씬 더 스크래칭하기 좋다는 사실을 고양이에게 확인시켜줄 차례. 이를 위한 기본 전략은, 기존의 물건에는 스크래칭을 못 하게 하면서 동시에 스크래칭하기에 훨씬 더 좋은 물건을 주는 것이다. 항상 무엇을 금지시키기보다는 더 매력적이고 근사한 뭔가를 줄 생각을 하는 것이 중요하다.

먼저 환경 수정부터 시작하는데 사용 금지 시킬 물건을 사용 불가능하게 만드는 것이다. 고양이가 좋아하는 스크래칭 장소가 소파 구석이라면 그곳을 고양이의 발밑에 불쾌한 느낌을 주는 넓은 양면테이프로 덮는다. 이때 소파의 반대쪽 구석도 똑같이 양면테이프로 덮어야 반대쪽으로 옮겨가는 것을 막을 수 있다.

다른 곳도 스크래칭하기에 불쾌하고 재미없는 재료나 패브릭으로 덮을 수 있다. 예를 들어, 소파 위에 침대시트, 금속 호일, 또는 묵직한 플라스틱판 등을 고정시켜둔다. 한쪽에 양면테이프를 붙인 매트도 고양이의 가구 스크래칭을 막는 데 유용하다. 상상력을 이용해 무엇이든 고양이에게 비친화적인 재료를 사용하되 고양이가 그것을 떼어내거나 틈 사이로 들어가 계속 스크래칭하지 못하도록 아랫부분도 테이프를 붙여두거나 그 외 다른 방법으로 단단히 고정시켜야 한다.

사용 금지 구역을 철저히 막았다면 이제 고양이에게 더 나은 다른 스크래칭 장소를 제공할 차례다. 소파팔걸이에 스크래칭 하길 좋아한다면 키가 큰 스크래칭 기둥을 지금은 뭔가로 덮여있을 소파팔걸이 바로 앞에 둔다. 새 스크래칭 기둥을 원래 스크래칭하던 소파에서 멀리 떨어진 건너편에 놓는 것은 효과가 없다. 침대시트나 양면테이프로 덮여있는 소파 또는 그 외의 금지된 곳 바로 앞에 스크래칭 기둥을 두고 고양이의 행동을 지켜본다.

고양이가 값비싼 러그에 스크래칭하는 것을 좋아한다면 러그 위에 억제물(양면테이프가 붙여진 매트)을 올려놓거나 혹은 삼줄로 만든 스크래칭 매트를 원래 스크래칭하던 표면 위 또는 가까이에 둔다. 당분간은 이런 매트나 스크래처를 이리저리 뛰어넘거나 빙 돌아서 다녀야 할 수도 있겠다.

▶ 끈적이는 양면테이프가 붙여진 매트를 올려둬서 소파를 스크래칭하기 나쁜 장소로 만든다.

▶ 소파를 스크래칭할 수 없는 곳으로 만들려면 스크래칭하기에 더 즐겁고 적절한 가구와 스크래처를 제공해야 한다.

스크래칭하던 곳을 고양이에게 안전한 식물을 심은 화분 같은 큰 물건으로 막을 수도 있다. 그런 다음 사용 금지 장소를 대신할 수평 스크래처를 그 옆에 놓는다.

고양이는 때로 전략적인 이유에서 스크래칭 장소를 고르기도 한다. 즉 영역 표시를 하기에 완벽한 위치에 있는 무언가에 스크래칭을 하는 것이다. 고양이가 좋아하는 사람이 주로 앉아있는 소파 자리에서 가장 가까운 구석 자리에 스크래칭을 하는 것도 이런 이유에서다. 그곳에 스크래칭을 해서 주변에 소유권을 널리 알리는 것이다. 그 외에도 패브릭 촉감이 좋아서, 가구가 딱 좋은 높이여서, 또는 러그가 스트레칭과 스크래칭을 동시에 하기에 완벽한 위치에 있어서 등 다양한 이유로 스크래칭 장소를 선택한다. 고양이가 더 좋아하는 스크래칭 위치가 어디든 간에 새로운 스크래칭 기둥과 수평형 스크래처는 그 바로 옆 또는 바로 위에 있어야 한다. 사용해도 되는 스크래칭 표면을 금지 구역 바로 앞이나 위에 두면 접근을 막는 동시에 고양이가 여전히 자기 재산권을 표현할 수 있다.

올바른 물건에
스크래칭할 때 클릭하기

무대 준비는 끝났다. 이제 러그와 앤티크 소파에는 발톱을 갈 수 없게 되었다. 뭔가로 덮여있는 그 구역 바로 위 또는 옆에는 세상에서 제일 까다로운 고양이조차도 스크래칭 욕구를 만족시킬 수 있는 수평형 그리고 수직형 스크래처가 놓여 있다. 이제 소매를 걷어붙이고 클리커를 꺼내 고양이의 좋은 행동을 강화할 차례다. 아주 중요한 의사소통 도구인 클리커가 이 새로운 스크래처들이 스크래칭하기에 좋은 장소라는 개념을 확실히 알려줄 것이다.

먼저, 1장에서 설명했던 것처럼 클리커와 동기부여가 되는 뭔가를 짝 짓는 과정이 선행돼 있어야 적절한 스크래칭 행동을 강화해줄 수 있다. 즉, 클리커 소리와 기분 좋은 뭔가를 연관 짓는 과정을 통해 고양이가 클릭 소리의 개념을 정확하게 이해하고 있어야 좋은 스크래칭 습관을 강화할 수 있다는 이야기다.

이미 고양이가 클리커 트레이닝의 기본 개념을 충분히 이해한 상태라면, 고양이가 우리가 바라는 표면에 스크래칭하는 것을 볼 때마다 클릭하고 먹이 보상을 준다. 다시 반복하지만 타이밍이 절대적으로 중요하다. 고양이가 올바른 표면에 스크래칭을 하고 있는 '동안'에 클릭 소리로 강화해줘야 한다. 올바른 곳을 스크래칭하기 전 또는 후에 클릭하는 것은 아무 효과 없다. 클릭 소리는 클릭 소리가 나는 그 찰나에 일어나고 있는 행동을 강화하는 것이기 때문이다.

완벽한 타이밍과 더불어 쓸데없이 클릭 소리를 남발하지 않도록 주의해야 한다. 즉, 모든 클릭 소리는 의미 있는 것이어야 한다. 고양이가 올바른 행동을 하고 있는 순간에만 클릭을 해야지 이유 없이 클릭을 해대면 결국 클리커는 그 힘을 잃게 된다.

고양이가 클리커 개념을 제대로 이해하고 있고 우리가 사용하는 동기부여원이 정말 효과가 좋다면, 고양이는 머지않아 적절한 스크래처를 사용하고 금지된 곳은 무시하게 된다. 만약 고양이가 실수를 해 원치 않는 물건에 스크래칭을 한다면 클릭도 먹이 보상도 줘서는 안 된다. 그 대신, 그 구역을 앞에서 말한 방법 중 적절한 것을 사용해 접근 금지 상태로 만들고 스크래칭할 수 있는 다른 표면을 제공한다.

▶ 고양이가 스크래칭 기둥 및 수평형 스크래처에 스크래칭할 때 딱 한 번 클릭을 하고 먹이 보상을 줘서 그 행동을 강화한다.

소파나 의자가 온통 끈적거리는 테이프로 덮여있는 데다가 기둥이나 스크래처로 둘러싸여 있으니 한동안은 손님을 집으로 초대하기 힘들 수도 있다. 하지만 참을성을 가지고 클리커 트레이닝을 올바르게 하다 보면 가구는 곧 테이프를 벗고 다시 자유의 몸이 될 것이다. 고양이가 지속적으로 고양이 친화적인 가구를 스크래칭하게 되면 기둥과 스크래처를 좀 더 편리한 곳, 우리가 원하는 장소에 이를 때까지 매일 2~3센티미터씩 옮겨나간다. 기둥 및 스크래처는 그동안 고양이가 스크래칭을 해대던 소파와 같은 공간에 있어야 하지만, 일단 적절한 고양이 친화적 가구에 스크래칭하는 습관이 자리 잡은 다음에는 꼭 소파 바로 옆에 둘 필요는 없다.

고양이가 기둥과 수평형 스크래처에 스크래칭하는 것을 보면 클릭하고 보상해주는 것을 잊지 말자. 고양이가 다시 잘못된 곳에서 스크래칭을 시작한다면 아마도 조바심이 난 나머지 스크래처의 위치를 너무 빨리 이동시켰기 때문이기 쉽다. 처음의 자리로 옮긴 뒤 다시 조금씩 천천히 옮긴다.

목표했던 최종 위치까지 옮긴 다음에도 고양이가 스크래처 및 기둥에 지속적으로 스크래칭하게 되면 한 번에 하나씩 양면테이프를 차츰 제거할 수 있다. 다시 원점으로 돌아가지 않도록 시간을 갖고 천천히 진행한다. 고양이가 확실하게 기둥과 수평형 스크래처에서 스크래칭할 때만 그 다음 테이프를 떼어낸다. 테이프를 모두 제거하기까지 일주일이 걸릴 수도 있고 그 이상이 걸릴 수도 있다.

대체 요법의 원칙

대체 요법의 원칙을 기억한다. 스크래칭 금지 구역을 만들 때는 항상 스크래칭 하기에 더 좋고 더 재미있는 뭔가를 제공해줘야 한다. 고양이 발에 닿는 촉감이 좋은 것이어야 하고, 원래의 소파, 즉 이제는 너무 낯설고 끈적대는 느낌의 소파보다 확실히 더 나은 것이어야 한다.

▶ 고양이는 스크래칭 기둥 및 수평형 스크래처에 스크래칭 또는 몸을 비벼서 자기 영역을 표시한다.

클리커 트레이닝으로 발톱 깎기

발톱을 자르는 것은 발톱을 건강하게 유지시켜주고 2차적인 손상도 줄여준다. 하지만 제이무리 겁 없는 사람도 고양이 발톱을 깎을 때는 몸이 움츠러들기 마련이다. 수건, 붕대, 장갑으로 무장하고도 도와줄 사람이 더 필요하다. 게다가 불가피한 결과도 각오해야 한다. 정신적 충격을 받은 고양이가 며칠간 우리 근처에도 오지 않는 것 말이다.

이제는 발톱을 깎을 때마다 사투를 벌일 필요가 없다. 고양이를 발톱 깎기에 탈감각화시킬 때도 클리커 트레이닝을 사용할 수 있다. 처음에는 손으로 고양이 발가락을 가볍게 건드리는 것으로 시작한다. 고양이가 아무런 두려움이나 불안감도 보이지 않으면 클릭하고 먹이 보상을 준다. 먹이 보상은 고양이가 가장 좋아하는 것, 아주 강하게 동기부여가 되는 것으로 해야 하는데, 대부분의 고양이가 정말 싫어하는 것을 하게 만들어야 하기 때문이다. 고양이가 딴 데로 가버리거나 자기 발가락을 건드리는 걸 싫어한다면 클릭도 먹이 보상도 주지 않는다. 또한 억지로 계속하지 않는다. 기다렸다가 나중에 고양이가 좀 더 편안해할 때 다시 한다. 만족스럽게 누워 있을 때가 접근하기 좋은 때다.

인내심을 갖고 꾸준히 계속한다. 이때쯤이면 고양이가 클리커 트레이닝 개념을 완전히 이해한 상태기 때문에 우리가 자기 발가락을 건드리게 내버려두면 클릭과 맛있는 먹이 보상을 받게 된다는 것을 재빨리 이해한다. 고양이가 자기 발가락을 건드리게 내버려둔 다음에는 발가락 하나하나를 만지는 시간을 차츰차츰 늘려나간다. 고양이가 발가락 하나하나를 한참 동안 만지는 걸 허락하게 되면 이제는 부드럽게 압력을 살짝 가하기 시작한다. 한참을 발가락을 만지며 살짝 눌러도 편안하게 받아들일 때만 클릭하고 먹이 보상을 준다. 불쾌해하는 기색이 조금만 보여도 당장 멈추고 클릭도 먹이 보상도 주지 않는다. 기다렸다가 몇 시간 뒤 혹은 다음날 다시 시도하되 발가락 건드리기부터 시작해서 더 느린 속도로 진행한다.

가볍게 발가락 마사지를 할 수 있을 때까지 계속 탈감각화 해나간다. 고양이가 발가락 마사지를 받아들일 때마다 클릭하고 먹이 보상을 주며 강화한다. 결국 발가락을 하나하나 마사지하고 발톱이 나올 만큼 가볍게 누를 수 있게 되고 곧 공포 없이 발톱을 깎을 수 있게 된다.

발톱을 깎기 전, 먼저 냄새를 맡게 해주며 클리퍼를 소개한다. 고양이가 불안감을 표현하지 않으면 냄새를 맡고 있는 동안 클릭하고 먹이 보상을 준다. 그 다음에는 클리퍼로 고양이의 다른 신체 부위를 가볍게 건드리면서 고양이가 아무 두려움이나 불쾌감을 보이지 않을 때 클릭하고 먹이 보상을 준다. 마침내 클리퍼로 한쪽 발의 발가락 위를 건드린 다음 고양이가 이를 받아들이면 클릭하고 먹이 보상을 준다. 만약 클리퍼가 고양이를 기분 상하게 만든다면 세션을 그만두고 나중에 계속하되 더 천천히 더 가볍게 처음부터 다시 한다. 한 세션을 오래 하는 것보다 짧은 세션을 며칠에 걸쳐 많이 갖는 것이 가장 좋다.

고양이가 자기 발가락을 부드럽게 이리저리 만지는 것을 허락하고 클리퍼도 무심하게 받아들이게 된 다음에는 발톱이 나오도록 발가락 하나를

▶ 클리커 트레이닝은 고양이에게 발톱 깎는 것을 스트레스 없는 경험으로 만드는 데 아주 효과적이다.

누른다. 이것도 잘 받아들이면 발톱 끝을 살짝 자른다. 이때 발톱 속살(혈관과 신경을 포함하고 있는 발톱의 분홍빛 부분)까지 너무 짧게 자르지 않도록 조심한다. 이 부분이 잘리면 고통을 느끼고 피가 난다. 한 번에 발톱을 전부 자른다는 기대는 애초에 접고 천천히 진행한다. 처음에는 발톱을 다 자르는 데 며칠이 걸릴 수도 있다.

▶ 발톱 깎는 것을 탈감각화할 때는 스트레스나 불쾌한 기색이 나타나자마자 즉시 그만두는 것이 중요하다. 그리고 나중에 더 천천히 진행하면서 처음부터 다시 시도한다.

발가락 마사지를 즐기는 고양이

나와 함께 사는 벵골 고양이, '아시아'는 여느 고양이들과는 다르다. 뒷발 발톱을 깎는 것도 좋아할 뿐 아니라 저녁 발가락 마사지도 아주 좋아한다. 하지만 처음부터 그랬던 것은 아니다. 처음 우리 집에 왔을 때만 해도 아무도 자기 발을 만지지 못하게 했다. 아시아의 이전 보호자가 그의 앞발에 발톱 제거술을 해버렸고, 녀석은 뒷발 발톱을 자르기커녕 건드리는 것도 허락하지 않을 정도로 극도의 예민함을 보였다.

아시아는 유기농 말린 닭고기를 정말 좋아하고 클리커 트레이닝 도전도 좋아한다. 매일 밤 8시면 아시아와 나는 클리커 트레이닝 세션을 시작한다. 처음에는 매일 밤마다 두 세션씩, 발가락 탈감각화에 집중했다. 클릭과 말린 닭고기를 수없이 받으며 약 2주가 지나자 아시아는 결국 내가 자기 뒷발 및 뒷발가락을 마사지하는 것을 허락했다. 처음에는 짧고 가볍게 했지만 차츰 시간을 늘려나갔다. 이제 아시아는 매일 밤마다 참을성 있게 발가락 마사지를 기다리게 됐다. 바닥에서 몸을 뒹굴고 뒷다리를 뻗으며 온 발가락도 쭉 펴면서 말이다.

사례연구 : 가구 스크래칭 금지하기

상황

예술가의 고양이답게 '미스터문'은 작품 같은 외모를 가지고 있었다. 이마에 은은한 검정 붓 자국이 있는 하얀 고양이, 미스터문은 매일 값비싼 러그에 스크래칭을 해 엘렌을 속상하게 했다. 수직형, 수평형 스크래처가 모두 다 있었지만 미스터문은 러그를 더 좋아했다. 엘렌은 미스터문이 러그의 특정 촉감을 선호한다는 것과 집에 있는 러그 대부분이 같은 재질이라는 사실을 알아차렸다. 또 미스터문은 일정 장소에서만 스크래칭하는 것을 좋아했는데 대개 엘렌이 정기적으로 작업하는 방 바로 앞이었다. 미스터문은 때때로 스크래칭을 멈추고 집 안 곳곳으로 엘렌을 따라다녔다. 그의 부적절한 스크래칭은 엘렌이 집에 있을 때만 일어났다. 엘렌의 남편은 미스터문이 집에 다른 식구들만 있을 때는 완벽하게 행동한다는 것을 알아냈다. 미스터문은 엘렌 주변에서만 이런 짜증나고 파괴적인 행동을 했다.

엘렌은 미스터문을 사랑했고 자기가 생각해낼 수 있는 방법들을 총동원해 그 행동을 그만두게 하려고 애쓰고 있었다. 들어올리기, 만져주기, 놀아주기 그리고 좌절감에 소리치기까지. 한 번은 물뿌리개로 물을 뿌리기도 했는데 빠져나간 미스터문은 그 후 몇 시간 동안 그녀 가까이에 오지 않았다. 그녀는 막막함을 느꼈다.

평가

미스터문은 엘렌의 관심을 끌기 위해 스크래칭을 활용하는 '관심추구형'이다. 그 행동을 그만두게 하려던 의도와 달리 엘렌은 무심코 다양한 방법으로 미스터문과 상호작용하며 그 행동을 강화하고 있었다. 미스터문은 엘렌에게 무척 강한 유대감을 가지고 있었고 그녀의 관심을 얻기 위해서라면 뭐든지 할 기세였다.

추천

나는 환경관리와 클리커 트레이닝을 병행할 것을 추천했다. 엘렌은 물뿌리개를 치우고 미스터문이 스크래칭하는 러그마다 양면테이프를 붙인 매트를 올려놓아 불편한 곳으로 만들었다. 삼줄 촉감을 좋아하는 미스터문을 위해 엘렌은 삼줄로 덮인 수평형 스크래처와 수직형 스크래칭 기둥을 양면테이프 때문에 접근 불가능해진 러그 한쪽 바로 옆에 놓아뒀다.

적절한 스크래칭 행동을 강화하기 위해 클리커를 사용하기에 앞서, 엘렌은 미스터문을 데리고 클릭 소리와 그가 가장 좋아하는 먹이를 연관 짓는 것부터 했다. 미스터문이 클릭 소리의 중요성을 이해하자 엘렌은 미스터문이 올바른 표면을 스크래칭하는 것을 강화하기 시작했다. 미스터문이 수평형 스크래처 또는 수직 기둥을 스크래칭할 때마다 클릭을 하고 먹이 보상을 줬다. 또 엘렌은 미스터문이 다른 부적절한 스크래칭 위치를 찾으면 뒤돌아서거나 방을 나가버리는 것으로 정확하게 그와의 상호작용을 멈췄다. 참을성이 필요했지만 결국 미스터문은 올바른 표면에 스크래칭할 때만 엘렌의 관심을 얻을 수 있다는 사실을 이해했다. 또 미스터문은 클리커 트레이닝 동안 엘렌과의 집중적인 시간을 즐겼다. 클리커 트레이닝은 정말 재미있었고 엘렌은 계속해서 미스터문에게 신호에 따라 지정 매트 위로 가기, 앉기, 기다리기, 악수하기, 뽀뽀하기 같은 새로운 행동을 성공적으로 가르쳤다. 미스터문은 엘렌의 분산되지 않는 완벽한 관심을 받기 위해 더 이상 스크래칭을 할 필요가 없다는 것을 깨달았다. 클리커 트레이닝을 하고, 특정 구역을 날카로운 발톱 공격으로부터 막고, 적절한 스크래칭 표면을 추가하는 방법을 통해 엘렌은 올바른 행동을 강화하는 동시에 미스터문에게 그가 그렇게도 바라는 관심도 줄 수 있었다.

CHAPTER 5

고양이끼리
사이좋게
지내게 하는 법

고양이끼리 사이좋게 지내게 하는 법

첫 만남이 중요하다

새로 입양한 사랑스러운 털북숭이가 우리 집 고양이의 완벽한 단짝친구가 될 거라 확신했다가 막상 생각과 다른 결과에 놀라는 보호자들이 많다. 터줏고양이는 신참을 사랑스럽게 바라보며 앞발 벌려 환영하기보다는 침입자로 보고 경계하기 쉽다.

고양이는 저마다의 선호도와 개성을 가진 존재다. 우리 집 고양이를 위한 완벽한 짝을 고르는 일은 생각처럼 간단하지 않고, 우리가 그렇게 생각한다고 해서 고양이끼리 서로 친한 친구가 될 거라 보장할 수도 없다. 그보다는 서로에게 우호적인 감정을 일으켜 아주 천천히 가까워지게 하면 함께 평화롭게 살 수 있는 확률을 높일 수 있다. 이 또한 클리커 트레이닝이 도움을 줄 수 있다.

고양이 소개 도구 상자

- 1차 강화물 : 먹이
- 2차 강화물 : 클리커
- 페로몬 교환 수단 : 양말과 수건
- 상호작용 수단 : 먹이와 양 끝이 있는 장난감

고양이끼리 스트레스 없이
소개하는 비결

고양이를 각각 서로에게 접근할 수 없는 제한된 공간에 둔 상태에서 공유할 수 있는 재미있는 경험을 하게 해주는 것이 스트레스 없는 소개의 비결이다. 이상하게 들리겠지만 그렇지 않다! 고양이는 코와 코를 맞대지 않아도 어떤 활동을 같이 하는 것만으로도 친밀한 관계를 형성할 수 있다. 성공적인 소개는 몇 주, 몇 달 또는 더 오랜 시간이 걸릴 수도 있다. 소개 테크닉과 클리커 트레이닝을 함께 사용하면 고양이들의 만남을 기습 공격 없는 평화로운 시간으로 바꿔나갈 수 있다.

고양이 클리커 트레이닝

교육 세션을
학교처럼

소개하기 과정을 '사이좋게 지내기' 학위를 받기 위해 학교에 보내는 것으로 생각해보자. 다만 고양이 예절 학교는 일반 학교와 달리 정해진 수업 시간표가 따로 없다. 고양이의 시간에 따라 진행되는 고양이 주도적인 실험적 학교다. 각 학년별 정해진 수업 목표를 성공적으로 마쳐야만 다음 학년으로 올라갈 수 있다.

고양이 친구 고르기

고양이라고 해서 무조건 서로에게 최고의 친구가 될 거란 보장은 없다. 두 고양이의 이력, 나이, 개성을 바탕으로 신중하게 새 고양이를 선택해야 친구가 될 확률을 높일 수 있다. 다음 몇 가지 가이드라인을 참고하자.

- 같은 수준의 활동성 및 에너지를 가진 고양이끼리 만나게 한다.
- 다른 고양이들과 잘 어울려 지낸 이력을 가진 고양이를 입양한다.
- 연령대를 맞추려고 노력한다. 낮잠을 좋아하는 나이 든 고양이를 키우고 있다면 새끼 고양이를 입양해선 안 된다.
- 우리 고양이가 다른 고양이들과 잘 어울리지 못한다면 또 다른 고양이를 입양해선 안 된다.

'사이좋게 지내기' 수업 커리큘럼

1학년

페로몬 교환	깨끗한 양말이나 부드러운 수건으로 각각 고양이를 만지고, 한 고양이에게 사용했던 양말이나 수건을 다른 고양이가 걸어 다니는 곳에 놓는다.
클리커 트레이닝	우선 클릭 소리를 먹이 같은 강한 동기부여원과 연관시키는 것부터 한다. 고양이가 클릭 소리의 의미를 이해하면, 고양이가 불안감이나 공격성을 드러내지 않은 채 양말 주변에 있을 때만 클릭하고 먹이 보상을 준다.

2학년

페로몬 교환	냄새가 묻은 양말을 고양이가 잠자는 곳으로 조금씩 옮긴다. 양말 근처에서 긍정적인 반응을 보일 때만 클릭하고 먹이 보상 주기를 계속한다.
같이 밥 먹기	닫혀있는 문 하나를 사이에 두고 양쪽에서 동시에 밥을 준다. 처음에는 밥그릇을 문에서 약 1.5미터 정도 떨어진 곳에 두는 것부터 시작한다. 차츰 밥그릇을 문 쪽으로 조금씩 옮긴다.

3학년

페로몬 교환	계속 페로몬을 교환한다. 이전처럼 긍정적인 반응을 보일 때만 클릭하고 먹이 보상을 준다. 먹이 보상은 반드시 양말 위에 올려준다.
같이 밥 먹기	닫힌 문을 사이에 두고 양쪽에서 동시에 밥 주기를 계속한다.
놀이 공유하기	양쪽 끝에 뭔가가 매달려있는 장난감을 사용해 닫힌 문 아래로 서로 같이 놀게 한다.

4학년

페로몬 교환	계속 냄새를 교환한다.
같이 밥 먹기	이제 문이 열린 상태에서 밥을 준다. 밥그릇은 문에서 떨어진 곳에 놔야 한다. 새로 온 고양이의 밥그릇은 방 안쪽 깊숙이 두고, 첫 번째 고양이의 밥그릇은 적어도 그 거리만큼 문에서 떨어져있어야 한다. 각자 먹이를 다 먹으면 문을 닫는다. 식사 후에도 문이 열려있는 시간을 1초씩 늘려나간다. 공격성 또는 스트레스 징후가 보이는 즉시 문을 닫는다.

5학년

평화로운 공존	보호자가 지켜보는 가운데 고양이들의 만남을 허용하면서 함께 보내는 시간을 점차 늘려나간다. 고양이들이 한 방에서 평화롭게 잘 있으면 클리커로 표시하고 먹이 보상을 준다. 먹이 보상은 고양이가 가장 좋아하는, 동기부여가 가장 잘되는 것으로 줘야 한다.
클리커 트레이닝	두 마리 모두 계속 교육한다. 이쯤이면 두 마리를 같이 교육할 수 있다. 고양이는 각자 자기 스툴이나 매트가 있고 신호에 따라 앉을 수 있어야 한다.

신입생 환영회, 기초 사항 준비하기

고양이는 물론 온 가족을 위해서도 고양이가 최대한 쉽게 적응할 수 있도록 가능한 한 모든 방법을 동원한다. 새 고양이가 집에 오기 전, 그 고양이를 위한 특별 방을 준비한다. 먹이, 물, 화장실, 편안한 침대, 올라갈 수 있는 곳이 필요하다. 방은 되도록 편안하고 환경풍부화▼가 기본적으로 이뤄져야 한다. 또한 다른 동물들은 접근할 수 없는 새 고양이만의 조용한 안전 구역이어야 한다.

가능하다면 새 고양이의 이력을 알아본다. 가장 좋아하는 먹이가 무엇인지 알면 교육에 어떤 먹이 보상을 사용하는 게 효과적일지 알 수 있다. 이전 집에서 사용하던 모래와 화장실 타입도 알아본다. 아예 그 화장실을 가져올 수도 있다. 기록된 이력이 아무것도 없는 미스터리한 고양이라면 다른 고양이가 사용한 적 없는 뚜껑 없는 적절한 크기의 화장실을 마련해준다. 고양이는 일관성과 익숙함을 좋아한다는 것을 기억하자. 운이 좋아서 고양이가 예전에 사용했던 화장실을 살펴볼 수 있다면 그 모래를 한 컵 정도 떠서 플라스틱 통 안에 담아온다. 새 화장실에 깨끗한 모래를 5~7센티미터 정도의 두께로 간 다음 전에 사용했던 화장실에서 떠온 모래를 넣어주면 익숙한 냄새를 풍길 수 있다.

또, 이전 집에서 쓰던 고양이 물건들을 가져올 수도 있다. 좋아하는 장난감은 고양이가 새 집에 적응하는 것을 도와준다. 고양이가 이전 보호자에게 애착이 강하다면 그 사람에게 잘 때 입는 낡은 티셔츠를 하나 달라고 해서 이동장 안에 넣어둔다. 그러면 좀 더 안정감을 느끼게 해줄 수 있다.

▼ 야생에서의 삶과 달리 한정된 공간과 자극에서 비롯될 수 있는 동물의 무기력증 및 비정상적 행동을 예방하기 위해 환경에 다양한 자극과 변화를 주는 것. 다양한 방식으로 먹이주기, 다양한 놀이 제공하기 등도 포함되며 동물의 복지에 중요한 역할을 한다. - 옮긴이주

▶ 고양이에게는 일관성이 필요하다. 가능하다면 고양이가 원래 쓰던 것과 똑같은 브랜드의 모래를 준다.

고양이가 두려워하거나 불안해하면 상자나 손잡이를 제거한 종이가방 같은 숨을 공간을 준다. 이런 공간이 우리 집 고양이와 처음 만나는 동안 새 고양이에겐 보호구역이 돼준다. 자기만의 공간이 있는 고양이는 첫 만남에도 스트레스를 덜 받고 안정감과 자신감을 갖게 된다.

새 고양이와 인사하기

모든 고양이는 다르다. 어떤 고양이는 금방 새 집에 적응하고 어떤 고양이는 안전함과 자신감을 느낄 때까지 시간이 더 걸린다. 겁이 많은 고양이는 안전한 장소에서부터 새로운 세계로 접근해나가고 싶어 하기 때문에 자연스럽게 침대나 소파 아래에 숨기부터 한다. 반면 자신감 많은 고양이는 곧바로 새 환경을 탐색하기 시작한다. 고양이가 겁이 많건 용감하건 간에, 들어올리거나 붙잡아서 억지로 인사를 강요해선 안 된다. 첫 인사는 고양이가 시작하게 내버려둔다.

고양이는 격식과 존중을 좋아한다. 고양이 코 높이로 고양이를 향해 집게손가락을 뻗어 인사를 건넨다. 고양이로부터 약 20센티미터부터 1~2미터 떨어진 곳 어디에서든 손가락을 뻗을 수 있다. 고양이가 우리와 인사하고 싶으면 다가와 코로 손가락을 건드린 다음 고개를 돌려 손가락이 자기 뺨에 오게 할 것이다. 손가락이 자기 뺨에 오면 문질러서 자기 인사 페로몬을 남긴다. 첫 인

▶ 고양이는 모두 저마다 다르다. 새 집에 빨리 적응하는 고양이도 있고, 적응하기까지 시간이 더 걸리는 고양이도 있다.

사가 끝나면 아마도 우리가 자기 뺨 아래, 목, 머리 뒤를 부드럽게 쓰다듬어주는 것을 좋아할 것이다. 목과 머리 부근을 만져주는 것을 편안히 받아들이면 등과 옆구리도 만져줄 수 있다.

우리부터 새 고양이와 친밀한 관계를 형성한 다음에 첫 번째 고양이에게 소개시킨다. 고양이가 우리한테 첫눈에 반할 수도 있지만, 마음을 여는 데 시간이 다소 걸릴 수도 있다. 고양이가 거부할 수 없는 매력적인 먹이를 가지고 환심을 살 수도 있다. 작고 맛있는 먹이 보상으로 무장한 뒤 고양이를 만날 때마다 준다. 클리커 트레이닝도 새로 온 고양이에게 신뢰감을 주고 우리와의 사이에 유대감을 쌓아준다.

> **첫 번째 고양이에게도 똑같은 관심을 준다**
>
> 원래부터 살고 있는 첫 번째 고양이도 똑같은 관심이 필요하다. 자기가 쓸모없어진 느낌을 받지 않도록 말이다. 첫 번째 고양이와도 많이 놀아주고 사랑해주며 집중적인 시간을 보내야 한다. 클리커 트레이닝은 여전히 그들이 우리와 가장 친한 친구라는 것을 확인시켜줘서 고양이와의 관계를 강화시켜준다. 또 곧 있을 새 고양이와의 만남을 위한 준비 과정이기도 하다.

첫 번째 클릭

새 고양이가 새 방에 적응하면 바로 클리커 트레이닝을 시작한다. 겁이 많은 고양이에게는 2차 강화물로 클리커 대신 볼펜 또는 더 섬세하고 부드러운 소리가 나는 기구를 사용한다. 작은 고양이에게는 클리커 소리가 너무 클 수도 있는데 이럴 때는 양말 속에 클리커를 넣으면 소리가 부드러워져 더 적합해진다. 용감하고 더 안정감 있는 고양이라면 일반적으로 사용하는 아이클릭 클리커 소리에 문제가 없을 것이다. 1장에서 소개된 클릭 소리와 뭔가 긍정적인 것을 짝짓는 간단한 과정은 보호자와 새 고양이가 관계를 형성하는 것을 돕고, 새 고양이와 첫 번째 고양이 간의 동료애도 키워준다.

여러 고양이에게 클리커 트레이닝을 할 때

고양이를 여러 마리 키운다고 해서 독특한 소리를 내는 강화 기구도 여러 개 준비할 필요는 없다. 한 가지 강화 기구, 즉 클리커 하나로 모두 트레이닝하는 것이 가능하다. 여러 마리 고양이를 가르칠 때는 우리 관심과 클리커를 행동을 요청할 고양이를 향해 주면 된다. 고양이도 금방 이해한다. 몇 가지 다른 소리가 나는 클리커를 구입하려는 사람도 있는데, 그냥 한 가지 소리가 나는 클리커를 사용하길 권한다. 클리커를 눌러야 하는 중요한 순간에 이것이 훨씬 덜 혼란스럽다.

건강검진 후에 데려온다

새 고양이를 집에 데려오기 전 반드시 건강검진을 받는다. 현재 예방접종 상태, 기생충 감염 여부, 그 외의 질병 여부 등을 철저히 검사한다. 만약 아픈 곳이 있다면 다른 동물로부터 완전히 차단시켜야 한다.

▶ 고양이의 뺨에는 호감을 주는 페로몬 또는 인사 페로몬이 나오는 냄새분비샘이 있다.

1학년 과정

새 고양이가 우리와 유대감을 느끼고 새 방에 적응하고 규칙적인 식사 및 먹이를 즐기게 됐다면, 그리고 두 마리 모두 클리커 트레이닝의 기본에 숙달된 상태라면 이제 입학할 때가 됐다.

1학년은 냄새 교환을 통해 사회적 기술을 쌓는 데 집중하는 시기다. 고양이는 페로몬을 만들어내는데, 그중에는 호감을 주는 것이 있다. 고양이는 인사할 때 자기 뺨이나 머리를 우리 몸에 문질러 자기 냄새를 남긴다. 분비샘에서 분비되는 이 냄새는 호감을 주는 페로몬으로 여겨진다. '안녕, 만나서 반가워'에 해당된다고 보면 된다.

이 인사 페로몬을 활용하여 페로몬 교환 과정을 통해 멀리 떨어진 상태에서 고양이를 서로에게 인사시킬 것이다. 냄새 교환을 시작하기에 앞서, 양말 몇 켤레와 작고 부드러운 수건 몇 장을 준비한다. 비싸거나 근사할 필요도 없고 색이나 디자인도 상관없다. 그저 깨끗하고 부드러운 것이면 된다. 깨끗하기만 하면 쓰던 것도 좋다.

먼저, 깨끗한 양말 한 짝을 손에 들고 귀 쪽 한 방향으로 부드럽게 고양이의 뺨을 쓰다듬는다. 또 다른 양말 한 짝으로는 새로 온 고양이의 뺨을 똑같이 만진다.

고양이의 페로몬을 각각의 양말에 묻힌 다음, 첫 번째 고양이의 뺨을 만진 양말을 새 고양이의 방에 놓는다. 단, 고양이가 먹거나 자는 곳 혹은 화장실 가까이에는 두지 않는다. 다음에는 새 고양이의 냄새가 묻은 양말을 첫 번째 고양이가 잘 노는 곳에 둔다. 다시 말하지만 먹거나 자는 곳 혹은 화장실 근처에는 두면 안 된다. 시간이 허락한다면 하루에 두 번 냄새를 교환한다. 아침에 한 번, 저녁에 한 번 말이다. 매번 깨끗한 양말을 사용해야 하고 냄새 교환 중이 아닐 때는 양말을 치운다.

▶ 냄새 교환법을 통해 고양이를 서로에게 소개한다. 먼저 새 양말 혹은 깨끗이 세탁한 양말로 각 고양이의 뺨을 부드럽게 쓰다듬는다.

페로몬 교환은 전화 통화와 비슷하다. 코를 맞대지 않고도 서로를 알아가며 사귈 수 있다. 모든 고양이는 다르고 그만큼 모든 첫 만남도 다르기 때문에 첫 페로몬 교환이 며칠이 걸릴지는 딱 잘라 말하기 어렵다. 어떤 고양이들은 며칠이면 상대의 냄새를 받아들이고 어떤 녀석들은 일주일 혹은 그이상이 걸리기도 한다.

숙제를 제대로 했다면 고양이 두 마리 다 클리커 트레이닝의 기본을 제대로 알고 있을 테고 그만큼 교육에 열정적으로 임하려는 상태일 것이다. 냄새 교환과 함께 클리커 트레이닝을 병행하면 서로 떨어져있는 고양이에게 우호적 메시지를 두 배로 보낼 수 있다.

어느 쪽 고양이든 다른 고양이 냄새가 묻은 양말 냄새를 맡을 때마다 즉시 클릭을 한 다음 먹이 보상을 던져줘서 칭찬해준다. 타이밍이 완벽하

▶ 고양이가 다른 고양이의 냄새가 묻은 양말에 호의적으로 반응할 때마다 클릭하고 먹이 보상을 주면 두 고양이가 서로 우호적인 관계를 맺는 것을 도울 수 있다.

게 맞아야 한다. 클릭 소리는 고양이가 양말과 유쾌하게 상호작용하고 있을 때 나야 한다. 중립적인 반응도 긍정적 반응과 같이 취급한다. 어느 쪽고양이든 양말 옆에서 무심하게 걸을 때마다 클릭하고 먹이 보상을 준다. 어떤 고양이들은 양말 냄새에 흥분해서 그것을 이리저리 물고 다니고 그 위에서 뒹굴고 혹은 깔고 잠을 잔다. 이런 행동에도 클릭으로 보상해주고 먹이 보상도 준다. 양말과 긍정적으로 상호작용할 때 클릭하고 먹이를 주는 것은 고양이들 사이의 긍정적 관계를 부추기고 형성하고 강화하는 것을 도와준다.

　고양이가 어느 쪽이든 양말 주변에서 두려움, 공격성 또는 불안정한 기색을 조금이라도 드러내면 클릭도 먹이 보상도 주지 않는다. 고양이가 행복하지 않을 때, 기분이 안 좋을 때 클릭을 하는 것은 그런 감정을 강화해주는 꼴이 된다. 고양이의 미묘한 몸짓 언어 읽는 법을 배우고, 공격성, 스트레스, 두려움의 기색이 보이면 클리커를 누르지 않는다.

고양이가 양말을 보고 쉬익 소리를 내거나 피하거나 그 외의 부정적인 감정을 보인다 해도 괜찮다. 이런 반응은 고양이가 1학년 과정을 얼마나 더 다녀야 하는지 예상하게 해준다. 냄새를 받아들이는 데 좀 더 시간이 오래 걸리더라도 질책하거나 벌을 주지 않는다. 소리도 치지 않는다.

고양이 모두 서로의 냄새가 묻은 양말을 편안해하면 다음 학년으로 올라갈 수 있다. 며칠, 일주일 또는 그 이상이 걸릴 수도 있는데, 이는 양말에 우호적인 관심을 표현하거나 그 주변에서 중립적으로 행동하는 등 고양이의 몸짓 언어와 움직임을 통해 준비가 됐는지 알 수 있다. 페로몬 양말을 받아들이는 걸 더 힘들어하는 고양이의 반응에 따라 다음 학년으로 올라가느냐 마느냐가 정해진다. 그 고양이도 냄새를 받아들여야 다음으로 진행할 수 있다.

앞으로의 수업에 대비해, 고양이들이 모두 타깃을 쉽게 따라오고, 전용 매트 위에 올라가고, 신호에 따라 앉을 때까지 클리커 트레이닝을 계속 해 나간다. 고양이는 더 안심할 수 있고 고양이와 보호자 간의 관계는 더 강화된다.

고양이가 냄새를 피한다면

고양이가 우리가 내려놓은 냄새 양말을 피하기 위해 수단과 방법을 가리지 않는다면 문제를 고쳐줄 다른 방법을 고려한다. 우선, 페로몬 농도가 약해지도록 양말을 고양이가 접근할 수 없는 어딘가에 몇 시간 동안 둔다. 페로몬이 어느 정도 사라진 후에 양말을 다시 상대 고양이 공간에 갖다놓는다. 냄새의 농도가 옅어졌다면 고양이가 양말을 받아들일 것이다.

현장조사 시켜주기

새 고양이가 새 집에 시각, 후각, 청각적으로 익숙해질 수 있게 해준다. 집 안 전체를 조사할 수 있게 해주는 것이다. 이 탐험 시간 동안엔 고양이들이 서로 떨어져있어야 한다. 현장조사가 끝나면 새로 온 고양이를 자기 방으로 돌려보낸다.

▶ 고양이가 다른 고양이의 냄새가 묻은 양말에 항상 우호적으로 반응할 때까지는 며칠, 일주일 또는 그 이상이 걸릴 수 있다.

2학년 과정

2학년 과정은 누구나가 좋아하는 취미인 '먹기'를 중심으로 이뤄진다. 목표는 문이 닫혀있어서 여전히 서로 분리된 상태로 밥을 함께 먹는 것이다. 고양이가 정말 좋아하는 맛있는 먹이를 준비하여 처음에는 밥그릇을 문에서 각각 1~2미터 정도 떨어진 곳에서부터 시작한다. 만약 서로 너무 가까운 나머지 스트레스를 받아 밥을 거부한다면 편안하게 먹을 수 있는 거리까지 밥그릇을 문에서 떨어뜨린다. 밥 먹는 위치가 점점 서로에게 가까워질 수 있도록 밥을 줄 때마다 문 쪽으로 3~5센티미터씩 그릇을 옮긴다. 문은 여전히 닫혀있는 상태여야 한다. 너무 빨리, 너무 갑자기 거리를 줄이면 먹기를 거부하거나 공격적인 행동을 보일 것이다. 그러면 편안해하는 거리까지 밥그릇을 뒤로 물리고 더 천천히 진행한다.

하루에 두 번 페로몬 교환을 한다. 매번 깨끗한 양말을 이용하되 위치는 계속 바뀌나간다. 양말 놓는 장소를 조금씩 바꾸는데, 최종 목적지는 고양이가 낮잠을 즐기는 곳이다. 냄새 교환 때마다 양말을 상대 고양이가 잠자는 곳으로 조금씩 옮긴다. 며칠에 걸쳐 천천히 한 번에 3~5센티미터씩 양말을 옮기되 고양이가 양말 주변에서 긍정적으로 반응하거나 중립적인 반응을 보일 때만 옮긴다. 불유쾌함, 공격성, 스트레스 신호를 보일 때는 옮겨

▶ 밥 먹을 때마다 고양이의 밥그릇을 이들을 분리시켜놓은 문 쪽으로 3~5센티미터씩 옮긴다.

서는 안 된다. 빨리하려고 페로몬 냄새가 묻은 양말을 곧장 잠자리에 갖다 놓으면 아마도 고양이는 그 자리를 버리고 더 안전하고 냄새가 나지 않는 새 잠자리를 찾을 것이다.

클리커 트레이닝도 잊지 않는다. 클리커 트레이닝은 일상의 지루함을 떨쳐주고 고양이에게 자극을 준다. 양말에 긍정적 또는 중립적 반응을 보일 때마다 계속 클릭하고 먹이 보상을 준다. 전용 매트 위에 올라가기를 배운 다음 클리커 트레이닝으로 앉기, 기다리기, 악수하기 등을 가르치면 고양이도 우리도 계속 재미있을 수 있다.

작은 아인슈타인이 서로의 냄새가 묻은 양말 위에서 잠자고 닫힌 문을 사이에 두고 바로 붙어서 밥을 먹게 되면 3학년으로 올라갈 수 있다.

3학년 과정

가까이에서 밥을 먹고 페로몬을 교환하면서 1, 2학년 과정에서 배웠던 사회적 기술을 3학년에서도 계속하는데, 단, 페로몬 교환에서 한 가지 바뀌는 게 있다. 이전처럼 페로몬 교환을 계속하되 먹이 보상을 바로 양말 위에 놓는다. 만약, 양말 위의 먹이 보상을 거부한다면 처음에는 양말 근처에 놔주고 차츰 옮겨서 결국 양말 위에 놓는다.

이제부터 교과 과정에는 놀이도 포함된다. 목표는 고양이가 양 끝이 있는 장난감의 도움을 빌어 문 아래 틈을 통해 서로 놀게 하는 것이다.▾ 사용하는 장난감은 큰 변화를 가져올 수 있고 고양이가 삶을 너무 진지하게만 받아들이지 않도록 돕는다. 무슨 장난감이든 간에, 양쪽 끝에 고양이가 거

▾ 국내의 경우, 이렇게 문이 바닥에서 많이 떠있는 경우가 흔치 않으므로 아주 살짝 문을 연 상태에서 뭔가로 고정시키거나 혹은 가는 줄 양쪽에 뭔가가 달린 장난감을 사용한다. 이 책의 저자는 한국 독자를 위해 이 과정을 건너뛰어도 좋다고 했다. - 옮긴이주

부할 수 없는 뭔가가 달린 것이어야 한다. 또한 문 아래에서 쉽게 왔다 갔다 할 수 있는 것이어야 고양이들이 분리된 상태에서도 함께 갖고 놀 수 있다. 시간이 허락된다면 하루에 여러 번씩 놀이를 부추긴다.

고양이들을 문을 사이에 두고 같이 놀게 부추기는 것은 두 마리 모두가 노는 것을 좋아해야 효과가 있다. 그렇지 않고 한 마리만 신날 뿐이라면 다른 녀석은 뭔가 더 재미있는 것을 찾을 것이다. 억지로 놀라고 강요할 수는 없는 노릇이기에, 한 마리라도 놀이를 즐기지 않는다면 강요하지 말고, 그 대신 닫힌 문을 사이에 두고 함께 밥 먹기와 같이 모두가 즐거워하는 다른 그룹 활동에 더 많은 시간을 할애한다.

고양이가 서로의 냄새가 묻은 양말 위에 놓인 먹이 보상을 먹고, 문으로 분리된 상태로 함께 먹고 잘 놀게 되면 4학년으로 올라간다.

▶ 고양이를 닫힌 문을 사이에 두고 양쪽에서 놀게 하면 서로 친밀감을 높일 수 있다.

▶ 매일 고양이와 한 마리씩 집중적으로 시간을 보낸다. 그 고양이가 좋아하는 활동으로 계획을 짜야 고양이가 더 편안하게 느낀다.

4학년 과정

4학년 과정에서도 3학년 때와 마찬가지로 닫힌 문 아래 틈을 통해 함께 놀고 페로몬 교환도 계속한다.

　고양이가 서로를 받아들이게 하는 데는 여전히 먹이가 가장 중요하다. 이 과정에 사용될 먹이 보상은 두 마리 모두가 간절히 좋아하는 것이어야 한다. 다른 고양이가 나타나거나 뭔가 다른 일이 벌어져도 계속 만찬에만 집중할 수 있을 만큼 최고로 맛있는 것이어야 한다.

　처음에는 밥그릇을 문에서 멀리 떨어뜨려놓고 시작한다. 새로 온 고양이의 밥그릇은 보호구역 방 가장 안쪽으로 옮기고, 첫 번째 고양이의 밥그릇은 문 밖 복도 끝에 또는 가능하다면 보호구역 방 길이만큼 떨어진 곳에 둔다. 우리가 방 사이에 놓인 문을 열었을 때, 고양이가 만찬을 즐기고 있는 서로를 듣고 냄새 맡고 어쩌면 볼 수 있는 위치에 둬야 한다.

　자, 심호흡을 하고 도전하자. 맛있는 먹이가 담긴 그릇을 각각 적당한

▶ 밥 주는 위치를 문에서 적어도 3미터쯤 멀리로 옮긴 다음 고양이가 먹고 있는 동안 문을 연다. 공격성이나 스트레스 징후가 조금이라도 보이면 즉시 문을 닫는다.

자리에 내려놓은 다음, 두 마리가 먹고 있는 동안 그들을 분리시키고 있던 문을 연다. 고양이는 서로 가까이 있지는 않지만 소리를 듣고 어쩌면 식사 중인 서로의 모습도 볼 수 있다. 누구든 한 마리가 식사를 끝내면 바로 문을 닫는다. 매번 이렇게 밥을 주면서 식사가 끝난 뒤에도 문을 열어두는 시간을 1초씩 늘려나간다. 단, 문제 징후가 없을 때만 말이다.

고양이의 몸짓 언어를 잘 관찰한다. 동공이 수축하고, 사냥감을 덮치기 직전처럼 몸을 잔뜩 낮추고, 비우호적인 울음소리를 내고, 꼬리를 탁탁 치고, 또는 귀나 콧수염을 납작 눕히는 것 같은 잠재적 공격성이 조금이라도 비치면 바로 문을 닫는다. 다음 식사 때는 문을 그렇게 오래 열어두지 말고 고양이의 시간에 맞춰 더 천천히 진행한다. 고양이가 서로를 받아들이기까지 더 오랜 시간이 걸릴 수도 있다.

며칠쯤 고양이가 문이 열려있을 때도 평화롭게 밥을 먹는다면 5학년으

안전이 최우선이다

끈이나 철사 또는 다른 잠재적으로 위험한 부분이 있는 장난감을 가지고 놀 때는 항상 고양이를 지켜보고 있어야 하고, 놀이 시간이 아닐 때는 고양이가 접근할 수 없는 곳에 안전하게 숨긴다. 무엇보다 안전이 최우선이다. 고양이가 줄에 묶이거나 장난감 일부를 삼키는 것 같은 사고는 언제든 일어날 수 있으니 이런 종류의 장난감은 우리가 지켜볼 수 없을 때는 갖고 놀지 못하게 한다.

로 올라갈 차례다. 물론 여전히 놀이 데이트도 즐기고 양말 교환에도 잘 적응하고 있어야 한다.

5학년 과정

차츰차츰 고양이들이 함께 있는 시간을 늘려나간다. 반드시 항상 지켜보고 있어야 하고 불안감 또는 공격성의 기색이 보이면 즉시 고양이를 분리하고 다시 더 천천히 진행한다. 사실 고양이를 서로에게 소개하는 과정에서 가장 어려운 부분은, 고양이들이 빨리 함께 잠자고 같이 노는 것을 보고 싶어 안달하는 우리 자신이다.

클리커 트레이닝은 이런 사회적 만남에 아주 유용하다. 고양이가 둘 다 불안감이나 공격적인 기색 없이 한 공간에 잘 있으면 클릭하고 먹이 보상을 준다. 더 먹보인 쪽에 먼저 주면 된다. 소파나 캣타워 같은 가구에서 두 마리가 평화롭게 같이 있을 때도 클릭하고 먹이를 준다.

이쯤이면 고양이 두 마리를 동시에 클리커 트레이닝할 수 있다. 고양이에게 각자 자기만의 스툴이나 매트 혹은 받침대가 있어야 한다. 처음에는 고양이를 각자의 스툴이나 받침대 위에 올라가게 해 앉는 것부터 시작한

▶ 고양이 두 마리가 좋은 친구가 되면
결국 함께 먹고 서로 끌어안는다.

다. 단, 고양이가 이미 알고 있는 행동만 시킨다. 새 행동을 가르칠 때는 반드시 고양이를 분리해놓고 따로 가르쳐야 하는데 그렇지 않으면 서로에게 주의를 빼앗겨 집중하기 힘들기 때문이다. 악수하기, 하이파이브하기, 기다리기 같은 새 행동을 배운 후에는 각자의 스툴에서 같이 할 수 있다. 점점 할 수 있는 것들을 늘려나간다. 같이 클릭 소리를 받은 고양이들은 같이 있는다.

▶ 클리커 트레이닝을 같이 할 때는 고양이 둘 다 이미 배운 행동만 시킨다. 한 마리는 이미 알고 한 마리는 아직 모르는 행동을 가르치면 둘 다 주의력이 흐트러진다.

고양이가 보내는 신호에 주의를 기울인다

고양이는 매우 뛰어난 의사소통가다. 주의를 기울이면 그들이 보내는 의사소통 신호들을 읽을 수 있다. 고양이의 음성과 몸짓 언어를 보면 우리가 너무 급하게 우정을 강요하고 있는 건 아닌지 알 수 있다. 기분이 안 좋거나 화가 났다면 으르렁대거나 소리 지르거나 하악 소리를 낼 것이다. 귀나 수염은 얼굴 쪽으로 납작 눕고 꼬리는 탁탁 치거나 휙휙 빠르게 움직일 것이다. 기분이 안 좋으면 아무도 못 보게 숨기도 한다. 동공이 수축되거나 또는 확장된 채 다른 고양이에게 고정되어있거나, 곧 덤벼들 태세로 잔뜩 긴장한 채 몸을 낮추고 있는 것도 나쁜 징후다. 기분이 안 좋거나 불안하면 파문이 이는 것처럼 피부가 움직이는 경우도 있다. 고양이를 서로 소개하는 동안 이런 신호 중 하나라도 보인다면 이들 관계를 너무 급히 밀어붙이는 것이므로 더 천천히 진행한다.

졸업
하기

고양이가 한참 동안 평화롭게 잘 지낸다면 이제 예절 학교를 졸업하고 한집에서 함께 살 준비가 됐다. 최고의 친구는 못 되더라도 서로를 받아들이고 불안감이나 적대감 없이 지내야 한다. 모든 고양이는 다르기 때문에 우리의 감독 없이도 잘 지내게 될 때까지 시간이 얼마나 걸릴지는 아무도 알 수 없다. 어떤 고양이는 몇 주 만에 서로를 받아들이고 어떤 경우는 몇 달이 걸리기도 한다. 과정을 서두르지 말고 참을성을 가지자. 성공적인 소개에는 시간이 걸리며, 이는 고양이의 스케줄에 따라 이뤄져야 한다.

고양이는 높은 곳을 좋아한다

고양이에게 여러 층이 있는 '수직적 영역'을 사용하게 해주는 것이 중요하다. 고양이는 이 수직적 영역을 평화롭게 서열을 정하는 방법으로 이용한다. 고양이가 있는 자리는 서열상의 자신의 위치를 나타낸다. 키가 큰 캣타워, 창문 해먹, 책꽂이, 그리고 안전한 벽 선반 같은 수직적 영역을 고양이가 대부분의 시간을 보내는 곳에 둔다.

▶ 모든 고양이가 저마다 다르고 상황도 다르기 때문에 소개에 걸릴 시간은 예측하기 힘들다. 성공을 위해서는 참을성이 필요하다.

사례연구 : 고양이 소개하기

상황

두 살 반 된 작은 암컷 러시안블루, 데이지는 그동안 죽 로베르타의 집을 통치해왔다. 데이지는 항상 자기가 좋아하는 사람, 로베르타와 위층에서 함께 잤고 집 안을 이리저리 돌아다니거나 집 밖에서 모험을 하며 하루를 보냈다. 어느 날 두 아이의 성화에 못 이겨 로베르타는 보호소에서 아이들과 데이지에게 친구가 될 만한 아이리스라는 4개월 된 암컷 고양이 한 마리를 데려왔다.

로베르타는 두 마리 고양이를 천천히 소개할 생각으로 처음에 아이리스를 별도의 방에 뒀는데 불행하게도 계획과 달리 악몽 같은 즉석 만남이 이뤄져버렸다. 로베르타의 남편이 무심코 아이리스가 있던 방의 문을 열었고 순간 아이리스가 튀어나온 것이다. 아이리스의 의도는 분명했다. 데이지와 놀고 싶어 했다. 그러나 데이지는 아이리스와 아무것도 하고 싶지 않았고 바로 하악 소리를 내고는 도망쳤다. 로베르타가 내게 연락했을 때, 데이지는 하루 종일 하악거리고 으르렁대며 집 안을 돌아다니고 있었고 아이리스가 있는 방 앞은 지나가는 것조차 거부했다.

평가

고양이가 서로 적당한 절차로 소개받지 못했다.

추천

로베르타는 가장 가까운 할인마트에 가서 작은 흰 양말을 한 묶음 샀다. 두 고양이가 모두 좋아하는 먹이도 샀다. 로베르타는 양말, 먹이 보상, 클리커 몇 개로 무장한 채 페로몬 교환과 클리커 트레이닝을 시작했다. 아이리스는 데이지의 냄새가 묻은 양말을 받으면 그 위에서 뒹굴며 안에 몸을 파묻었지만, 데이지는 반대의 반응을 보였다. 신선한 냄새가 묻은 양말을 옆에 놓을 때마다 하악 하며 으르렁댄 다음 뒤로 물러나 빤히 양말을 쳐다봤다. 좋은 소식은 데이지가 클리커 트레이닝을 재빨리 이해했다는 것이었다.

몇 분 만에 클리커 소리와 맛있는 먹이의 연관성을 이해했을 뿐만 아니라 타깃 트레이 닝에도 제대로 반응했다.

일단 데이지의 불안감이 어느 정도인지 파악되자 우리는 소개 계획을 짜기 시작했다. 아기 고양이의 냄새를 모은 다음 로베르타는 그 양말을 몇 시간 동안 캐비닛 안에 넣고 선 냄새를 약하게 만들었다. 그런 다음 양말을 데이지에게서 약 40~50센티미터 떨어 진 곳에 뒀다. 양말을 탐색하러 간 데이지가 어떤 불안 징후도 보이지 않은 채 냄새를 한 번 맡자 로베르타는 바로 클리커를 누른 다음 먹이 보상을 줬다.

로베르타는 아기 고양이의 페로몬을 모은 뒤 그것을 데이지에게 보여주기까지의 시간 을 차츰차츰 줄여가면서 데이지를 냄새 양말에 역조건형성counter-conditioning▼시켰다. 데 이지기 아무런 두려움이나 공격성을 보이지 않은 채로 양말에 다가가거나 그 옆을 지 나가는 것을 볼 때마나 클릭하고 먹이 보상을 줬다. 양말에 아이리스의 페로몬을 묻히 자마자 데이지 옆에 내려놓을 수 있기까지는 일주일이 걸렸다. 물론 데이지가 이를 두 려워하지 않는 상태에서 말이다.

다음 목표는 데이지가 양말 위에 놓인 먹이 보상을 먹는 것이었다. 데이지가 양말 위에 놓인 먹이 보상을 먹을 때까지 조금씩 먹이 보상을 양말 쪽으로 옮기는 데는 일주일이 걸렸다.

데이지는 클리커 트레이닝을 정말 좋아했다. 아기 고양이 냄새가 나는 양말 위의 먹이 보상을 열심히 먹을 때쯤 되자 로베르타는 데이지에게 타깃 트레이닝, 매트 트레이닝 을 시켰다. 데이지는 특히 집 안 곳곳으로 타깃을 따라다니는 걸 좋아했다.

로베르타는 데이지의 먹이 보상과 타깃 트레이닝에 대한 사랑을 십분 활용했고, 타깃 으로 차츰 아이리스의 방 쪽으로 데이지를 이끌었다. 먹이 보상을 줘야 할 일이 있을 때 마다 조금씩 문에 가깝게 먹이 보상을 던졌다. 몇 주가 되자 데이지는 마침내 그 문 앞 을 지나가고 문 아래로 뻗어나온 작은 발에 긍정적인 관심을 보이기 시작했다.

▼ 기존에 조건형성된 연관과 반대되는 연관을 조건형성하는 것을 말한다. 즉 이 경우에는 데이지가 아이리스의 냄새가 묻은 양말을 싫어하는 상태에서 좋 아하게끔 만드는 것을 말한다. - 옮긴이주

첫 번째 장애물을 넘자 데이지는 아이리스에게 놀이 친구로서의 관심을 보이기 시작했고, 로베르타는 문이 닫힌 상태로 양쪽에서 동시에 밥을 주기 시작했다. 처음에는 문에서 멀리 떨어진 곳에 밥그릇을 놓았고 매번 식사 때마다 3~5센티미터씩 문 쪽으로 옮겼다. 두 고양이가 닫힌 문을 사이에 두고 바로 옆에서 밥을 편안하게 먹게 될 때까지 2~3주가 걸렸다. 곧 문 아래로 양쪽에 뭔가가 달린 장난감을 갖고 함께 노는 것도 가능해졌다.

그러자 로베르타는 다시 밥그릇을 문에서 멀리 떨어뜨렸다. 즉, 아이리스의 밥그릇은 보호구역 방 한가운데에 놓고 데이지의 밥그릇은 문에서 떨어진 복도에 놓았다. 그리고 문을 열었다. 거부할 수 없이 맛있는 밥은 두 마리 모두 문이 열려있는 동안에도 밥을 먹게 했다. 모든 것이 계획대로 이루어졌고, 로베르타는 식사 후 문이 열려있는 시간을 끼니때마다 1초씩 늘려나갔다. 약 1주일이 지난 어느 날, 로베르타가 깜짝 놀라고 말았다. 아이리스가 밥을 다 먹자마자 문 밖으로 달려나가 데이지를 향했던 것이다! 데이지는 살짝 아이리스의 코를 건드린 다음 덤덤하게 로베르타의 옆을 지나 아이리스의 방으로 걸어 들어갔다.

공격성 다루기

공격성 다루기

여러 가지 종류의 공격성

고양이의 공격성에는 다양한 유형과 강도가 있다. 아직 적당한 수준을 모르는 아기 고양이들이 서로 티격태격하는 정도부터 응급실에 가야 할 만큼 심각한 물기가 동반되는 경우까지 다양하다.

사실 공격성은 다른 행동문제들보다 훨씬 더 다루기 어렵다. 공격성의 종류가 워낙 다양하기 때문이다. 게다가 공격성의 원인을 정확히 확인하기 어려울 때도 많다. 공격적인 행동은 질병이나 신경상의 문제에서 비롯되는 경우도 있다. 때문에 고양이를 수의사에게 데려가 건강검진을 받는 것은 공격성의 기본 원인일지도 모르는 질병이나 신경상의 문제를 배제시키기 위해 꼭 필요한 일이다. 질병과 관련된 공격성을 성공적으로 수정하려면 질병부터 치료해야 한다. 그리고 공격성의 정도 및 상황에 따라 고양이 행동 분야에 정통한 국제 동물행동컨설턴트협회의 공인 고양이행동컨설턴트 또는 수의행동학자에게 상담을 받으면 공격성의 원인을 확인하고 행동상의 문제를 해결할 수 있다.

고양이가 보이는 공격성의 종류로는, 고통으로 인한 공격성, 놀이 공격성, 지위 공격성, 쓰다듬기가 유발하는 공격성, 모성 공격성, 방향 전환된 공격성, 고양이 간의 공격성, 포식성 공격성, 특발성 공격성 등이 있다. 이 모든 공격성을 다루기에는 지면상에 한계가 있어 이 장에서는 만져줄 때 유발되는 공격성, 놀이 공격성, 그리고 고양이 간의 공격성 세 가지에 대한 원인과 해결 방안에만 초점을 둔다.

공격성 해결 도구 상자

- 1차 강화물 : 먹이
- 2차 강화물 : 클리커
- 낚싯대 장난감 및 그 외에 안전한 장난감
- 수직적 영역 : 캣타워, 선반, 그 외에 다른 높은 장소

쓰다듬기가
유발하는 공격성

쓰다듬기가 유발하는 공격성은 당하는 사람으로선 깜짝 놀랄 수밖에 없는 불쾌한 기습 공격이다. 고양이와 보호자 간에 여유롭고 평화로워 보이던 순간이 느닷없이 산산조각 나버린다. 보호자를 깜짝 놀라게 하는 이 공격성의 전형적인 시나리오는 다음과 같다. 고양이가 보호자의 무릎 위에 편안하게 자리를 잡는다. TV를 보거나 소파에서 휴식을 취하거나 책을 읽으며 둘 다 저녁 시간을 즐기고 있다. 보호자가 고양이를 쓰다듬고 있는데 갑자기 아무 이유도 없이 문다!

고양이가 이런 공격성을 보이는 데는 이유가 있다. 이유를 알아낸 다음 그 방아쇠를 관리하거나 제거하는 것이 우리가 할 일이다. 만져지고 싶지 않은 민감한 부위였을 수도 있고 아니면 어느 순간 쓰다듬기가 고양이에게 너무 거칠어진 것일 수도 있다. 또는 고양이가 막 잠이 들었는데 쓰다듬기 때문에 놀라서 깼다면 공격성을 표현할 수 있다. 자기를 쓰다듬고 있는 사람이 누구든 간에 본능적으로 무는 반응을 보일 때도 있다.

대개 고양이는 물기 전에 경고 신호를 보낸다. 고양이 방식으로 명확하게 자기 의도를 전달한다는 말이다. 주의를 기울이고 있다가 그들이 원치 않는다면 바로 쓰다듬기를 멈추어야 한다. 자기를 쓰다듬어주는 손을 물어야 하나 고민하는 고양이는 다양한 방법으로 의사를 표현한다. 대개 물기 전에 우리 또는 우리 손을 쳐다볼 것이다. 또 꼬리를 탁탁 치고, 자세를 바꾸고, 가르릉거리길 멈추고, 두 귀를 바깥쪽으로 돌리고, 불쾌하다는 소리를 내고, 근육을 긴장시키고, 피부를 씰룩대는 것으로 불쾌함을 나타낸다. 이런 신호를 무시해선 안 된다. 고양이의 뜻을 존중하고 즉시 쓰다듬기를 멈춰야 한다.

공격성을 보일 때 해야 하는 것과 하면 안 되는 것

- 공격적인 고양이는 들어올리지 않는다.
- 공격적인 고양이를 떼놓기 위해 우리 손을 사용하지 않는다. 또 싸움 중인 고양이 사이로 들어가지 않는다.
- 공격적인 고양이를 벌주지 않는다. 벌은 행동을 더 심화시키고 고양이와 인간 간의 유대감을 악화시킨다.
- 고양이의 소리와 몸짓 언어 관찰을 통해 경고 신호를 미리 파악한다. 고양이 간의 공격성의 경우, 가능하다면 공격적인 행동이 일어나기 전에 고양이를 분리시킨다. 소음으로 주의를 분산시키거나 그들 앞에 장난감을 던지거나 또는 고양이가 서로를 볼 수 없도록 물체를 그 사이에 놓는다.
- 공격성을 다루기 위한 더 많은 팁을 얻기 위해 이 장을 제대로 다 읽는다.

▶ 환경관리, 역조건형성 그리고 클리커 트레이닝이 쓰다듬기가 유발하는 공격 행동을 없애는 데 도움을 준다.

▶ 언제든지 쓸 수 있도록 집 안 여기저기 고양이와
  같이 쉬는 곳에 먹이 보상과 클리커를 둔다.

유난히 예민한 부분 파악하기

환경관리, 탈감각화, 인내심, 클리커 트레이닝을 병행하면 고양이가 오랫동안 쓰다듬기도 받아들이고 결국은 느긋하게 즐기도록 도울 수 있다. 고양이의 몸짓 언어를 살피면 상처를 최소화하면서 성공 확률을 높일 수 있다. 고양이가 잠재적 공격성이나 불안한 기색을 보이면 그 즉시 '무반응'의 기술을 실행한다. 즉, 쓰다듬기를 멈추고 아무런 상호작용도 하지 않는 것이다. 정말 쉽다. 집중하고 고양이에 대해 알아보자. 고양이를 건드려보면 유난히 예민하게 반응하거나 통증을 느끼는 부위가 있을 것이다. 수의사에게 검사를 받아 이것이 의학적 문제인지 단순히 짜증을 내는 것인지 확인할 수 있다. 정확한 판단력을 동원해 상황을 관리하고 의학적 원인도 확실하게 살펴본다. 그런 다음, 고양이의 예민한 부분은 만지지 않는다.

'무반응' 클릭하기

쓰다듬기에 대한 고양이의 제멋대로인 반응을 바꾸기 전에, 우선 고양이는 클리커 트레이닝의 기본 원리에 정통해 있어야 한다. 1장의 기본 클리커 트레이닝과 2차 강화물의 조건형성, 즉 클리커 소리와 뭔가 긍정적인 것을 짝짓는 데 필요한 지시 사항들을 다시 살펴본다.

쓰다듬을 때 고양이가 물거나 할퀴는 것으로 보아 쓰다듬기는 동기부여원이 아님을 알 수 있다. 아마도 먹이 또는 놀이에 매력을 느낄 것이다. 먹이, 장난감 그리고 클리커를 집 여기저기 우리가 고양이와 느긋하게 쉬는 장소들에 놔둔다. 이러면 우리가 집 안 어디에 있든지 고양이와 트레이닝을 할 준비가 된 것이다.

먹이 보상과 클리커가 집에 채워지면 시작한다. 고양이가 차분할 때, 그리고 주변 소음이나 주위를 산만하게 할 만한 뭔가가 없는 조용한 때를 고른다. 고양이가 우리 옆에서 조용히 쉬거나 좋아하는 자리에서 낮잠을 자고 있을 때가 이상적이다.

시작 단계가 핵심이다. 고양이의 쓰다듬기 허용 수준부터 파악해야 한다. 우리가 쓰다듬을 때 일어나는 공격성이니, 어찌됐든 직접 이리저리 쓰다듬어가면서 고양이의 허용 수준을 파악하는 수밖에 없다. 어떤 고양이는 오랜 동안 쓰다듬기를 잘 참고 즐기다가 갑자기 주먹을 휘두르기도 하고, 또 어떤 고양이는 겨우 한두 번의 쓰다듬기만 허락하고는 발톱을 드러내기도 한다.

1단계는 고양이가 즐기는 수준 또는 중립적 태도를 보이는 수준에서 시작한다. 즉, 고양이가 겨우 두 번의 쓰다듬기만 허락한 뒤 반발한다면 한 번만 쓰다듬는 것부터 시작한다. 고양이가 편안해하면 쓰다듬기가 끝날 무렵 클리커로 표시한 다음 먹이를 준다. 먹이는 고양이가 지금의 편안한 위치에서 움직이지 않고도 쉽게 먹을 수 있는 곳에 준다. 고양이가 공격성을

▶ 스트레스, 공격성, 또는 불편한 기색이 보이는 즉시 고양이와의 모든 상호작용을 멈춘다.

보이거나, 불편하거나 두려운 기색을 보이면 클릭하지 않는다.

근육의 긴장도를 포함해 고양이의 몸짓 언어를 관찰한다. 어떤 불안감이나 스트레스도 강화하지 않는 것이 무엇보다 중요하다. 불안한 기색이 조금이라도 있으면 클릭하지 않는다. 그럴 때는 바로 세션을 끝내고 고양이가 차분하고 편안해질 때까지 기다린 뒤 다시 시작한다. 그리고 다음 세션에는 쓰다듬기 수준을 더 낮춰서 시작한다. 고양이의 쓰다듬기 허용 수준을 파악할 때까지 몇 번 더 시도해야 할 수 있다. 요약하자면, 공격성이 없는 상태를 강화하는 것이다.

고양이가 먹이 보상을 먹기 위해 위치를 옮길 필요가 없게끔 바로 옆에 먹이를 놓아준다. 먹이를 다 먹고 편안해진 후에 다시 쓰다듬는다. 이번에는 손을 0.5초쯤 더 두거나 쓰다듬는 부위를 살짝 넓힌다. 반응이 긍정적이거나 중립적이면 쓰다듬기가 끝날 무렵, 클릭하고 먹이를 준다. 고양이가 차분할 때만 클릭한다. 과정을 서둘러선 안 된다. 우리가 쓰다듬는 동안에 공격하지 못하게 하려면 세션이 몇 번 더 필요하다.

고양이가 개선되는 것 같다가 갑자기 발전이 전혀 없어 보인다고 해서 실망할 필요는 없다. 짧은 시간에 고양이에게 너무 많은 것을 요구하며 몰아붙였을 수 있다. 또는 일시적 정체기에 이른 것일 수 있다. 참을성을 가지고 고양이가 편안해하는 낮은 단계부터 다시 시작하면 정체기는 극복된다. 만약 네 번을 쓰다듬을 때까지 괜찮았다면 두 번 쓰다듬기부터 시작하면서 클릭과 먹이 보상을 준다. 정체기를 극복하는 방법에 대해서는 3장에서 상세히 설명했다.

손을 고양이 몸에 두는 시간, 쓰다듬어주는 부위 등을 다양하게 바꿔가며 변화를 준다. 짧은 시간 내에 너무 많은 것을 요구하는 건 아닌지는 고양이의 반응을 보면 알 수 있다. 아무리 작은 성과라도 축하하고 성공을 표시해주는 것도 잊지 말자.

쓰다듬기 유발 공격성 이력을 가진 고양이는 그 후로도 계속 조심하는 것이 좋다. 그들의 한계점을 알고 있어야 하고, 클리커 트레이닝, 긍정 강화, 환경관리를 통해 계속 역조건형성을 해야 한다.

고양이의 본능, 물 것이냐 물릴 것이냐

고양이는 사냥할 때 먹잇감을 물어서 쓰러뜨린 다음 붙잡는다. 먹잇감은 탈출하기 위해 몸부림치고 고양이는 본능적으로 더 깊이, 더 세게 문다. 포식자로서의 고양이가 할 일은 먹이를 잡아먹는 것이고 먹잇감이 할 일은 악착같이 탈출해서 다시 남은 생을 사는 것이다.

고양이는 물 때 순간 이성을 잃고 흥분해 본능의 지배를 받는 상태가 된다. 희생자가 탈출하려고 할 때 꽉 붙잡고 더 깊게 무는 것이 본능이고, 이 본능이 우리에게 적용된다면 피부에 구멍이 나는 등 아주 심각한 상황이 될 수 있다.

고양이가 물 때는 먹잇감처럼 행동하지 않는 것이 정말 중요하다. 가능하다면 물린 부위를 빼지 말고 그 상태로 힘을 빼고 부드럽게 오히려 고양이 입을 향해 밀어 넣는다. 거칠게 밀어 넣어선 안 된다. 고양이를 다치게 하려는 게 아니다. 대부분의 고양이는 그러면 물었던 입을 놓는다.

놀이 공격성 :
경계 문제

놀이에 대해 경계 문제boundary issue▼를 가진 고양이나 아기 고양이들이 있다. 가장 흔한 경계 문제는 놀이 강도다. 놀이 강도에 문제가 있는 고양이는 노는 동안 또는 놀고 난 직후에 보호자를 물거나 할퀸다. 놀이 공격성 문제를 가진 고양이는 기분이 내킬 때면 언제든지 보호자와 놀며 공격하기도 하고, 쉬고 있는 보호자의 다리나 팔을 휘감기도 하고, 한밤중에 자고 있는 보호자를 공격하기도 한다. 이 모두가 경계에 관한 문제, 또는 경계가 없어서 생기는 문제다. 놀이 공격성 문제는, 일부는 아주 어린 시절 어미나 한배 형제들에게 배운 것이고, 또 일부는 훗날 손을 이용해 거칠게 노는 것을 부추긴 보호자에게서 배운 것이다. 또 지루함이 원인인 경우 즉, 환경적 자극이나 놀이 시간이 충분하지 않은 경우도 많다.

고양이는 어렸을 때 어미나 한배 형제들과 놀면서 중요한 사회화 기술을 배운다.▼ 아기 고양이들이 어미나 한배 형제들과 놀다가 너무 거칠게 대

▼ 흔히, 어느 정도가 적절한지 몰라서, 혹은 서로 적절하다 생각하는 기준이 달라서 생기는 문제를 말한다. - 옮긴이주

▼ 고양이는 생후 2~7(9)주가 사회화 시기이다. 이 시기에 앞으로 세상을 살면서 겪게 될 많은 일들을 경험하게 해주는 것이 행동 문제 예방 및 교육 차원에서 좋다. - 옮긴이주

하면 상처 입은 고양이가 비명을 지르고, 이것은 이제 난투극 놀이는 끝났다는 신호가 된다. 이런 자연스러운 놀이 과정을 통해 아기 고양이들은 무는 힘을 자제하는 법과 언제 놀이 강도를 한두 단계 낮춰야 하는지를 배우고 올바른 경계를 설정하게 된다.

고양이나 아기 고양이와 놀 때 경계 문제를 겪는 보호자들이 많은데, 대개 이들은 고양이와 놀 때 자기 손을 사용하고 또 너무 거칠게 논다. 절대 좋은 생각이 아니다. 손을 사용해 놀아주는 것은, 고양이에게 기분이 내킬 때면 언제든지 우리 손이나 발을 공격하고 물어도 괜찮다고 말해주는 셈이다. 손가락 끝에 장난감이 매달려 있는 장갑을 끼고 놀아주는 것도 마찬가지다. 고양이는 똑똑하다. 장갑 안에 우리 손이 있다는 걸 잘 안다. 마찬가지 이유로 고양이가 침대 시트나 이불 아래 있을 때 우리 손이나 발을 이용해 놀아주는 것도 안 된다. 이것도 놀이에 대해 잘못된 메시지를 보내는 것이다. 고양이 관점에서 볼 때 왜 언제는 자기가 좋아하는 사람을 물고 할퀴

▶ 장난감과 스크래처 등이 있는 풍부한 환경은 고양이에게 계속 자극을 주고 흥미를 유발하고 정신적인 활동을 할 수 있게 한다.

어도 되고 언제는 안 되는지 이해하기 힘들다. 고양이와 놀 때는 손이나 발 대신 낚싯대 장난감 또는 작은 공 같은 장난감을 사용한다. 손이나 몸이 직접 닿아서는 안 된다는 것을 기억해야 한다.

타임아웃

놀아주는 동안 고양이가 너무 거칠어지면 소리치지도 벌을 주지도 않는다. 그 대신 타임아웃을 줘서 이것은 좋은 놀이 방식이 아니라는 메시지를 보낸다. 놀이 공격성에 대한 타임아웃은 짧고 간단하다. 그냥 뒤돌아서 방으로 나가 문을 닫는다! 그러면 고양이는 사냥감, 즉 '놀이 친구'를 더 이상 공격할 수 없다는 사실에 깜짝 놀랄 것이다. 그 순간 고양이를 안아 올리거나, 욕을 내뱉는 등 어떤 방식으로도 고양이에게 반응하지 않는 것이 중요하다. 그렇게 하는 것은 놀이 공격성을 강화해주는 꼴밖에는 안 된다.

　타임아웃은 보통 짧게 준다. 대개 30초에서 1~2분이 놀이 공격성에 필요한 타임아웃 시간이다. 타임아웃 후에 다시 돌아와 고양이가 차분해졌다면 장난감을 이용해 더 낮은 강도로 계속 놀아주거나 더 낮은 에너지로 고양이와 다른 활동을 한다. 이렇게 몇 번 타임아웃을 받고 나면 고양이는 놀이 경계를 이해하기 시작한다.

배를 보인다고 무조건 쓰다듬어 달라는 의미는 아니다

털뭉치가 작은 배를 우리 쪽으로 드러낸 채 이리저리 뒹구는 모습은 정말 사랑스럽다. 그 사랑스러운 볼록한 배를 보고도 만져주지 않기란 정말 힘들다. 하지만 고양이가 드러누워있을 때는 모든 무기가 발사 준비 상태임을 알아야 한다. 누군가가 자기 배를 만지거나 긁으면 반사적으로 그 손과 팔을 꽉 붙잡거나, 차거나 무는 반응을 보이는 고양이들이 많다. 배를 만져주는 것을 정말 좋아하는 것처럼 보이지만 이런 평화는 순식간에 깨질 수 있다는 것을 알아야 한다.

놀면서 일하기 : 상호작용 장난감 사용하기

계획을 짜서 매일 놀이 세션을 일관성 있게 하되, 놀이가 격해지지 않도록 한다. 고양이가 천장 샹들리에에 매달리거나 책장에서 노는 걸 좋아한다면 매일 놀이 세션을 여러 번 하는 게 좋다. 좀 더 나이가 많고 조용한 고양이 라면 하루에 두 번 정도 놀이 세션을 갖는 게 이상적이다. 놀이 세션은 대부분의 고양이들이 가장 활동적이고 놀이에 열정적일 시간대인 아침과 저녁에 갖는 게 좋다. 놀 때는 사냥을 흉내 내서 자연스런 본능을 채워줘야 한다는 것을 기억하자.

풍부한 환경은 물론이고 상호작용 장난감도 제공한다. 사실 거의 모든 것이 고양이의 장난감이 될 수 있다. 손잡이 부분을 자른 종이가방과 똘똘 뭉쳐놓은 종이는 고양이에게 몇 시간씩 즐거움을 줄 수 있는 좋은 장난감이다. 개 장난감도 좋은 고양이 장난감이 될 수 있다. 단, 반드시 장난감이 고양이에게 안전한지 확인한다. 먹이를 먹으려면 일을 해야 하는 퍼즐 장난감들도 추천한다. 퍼즐 장난감은 안이 여러 칸으로 나뉘어 있고 한쪽으로 밀 수 있는 뚜껑이 있어 고양이가 안에 든 먹이를 먹으려면 뚜껑을 밀어야한다. 또 층층이 쌓여있는 속이 빈 뼈 모양의 플라스틱이 가운데를 중심으로 각자 돌아가는 장난감도 있는데 이 역시 안의 먹이를 먹으려면 플라스틱을 이리저리 돌려야 한다.

스크래처가 붙어있는 다용도 장난감도 좋다. 가운데에 골판지 스크래처가 있는 둥글고 납작한 원반 형태의 장난감이 있는데, 공이 돌아다닐 수 있게 수로처럼 홈이 둘러져있어 홈에 공 대신 먹이나 다른 장난감을 넣어서 사용할 수 있다.

진짜 사냥처럼 놀아주기

나는 공인 고양이행동컨설턴트, 팸 존슨 베넷Pam Johnson-Bennett의 책을 보고 고양이의 에너지를 분산시키기 위한 아주 효과적인 놀이 테크닉 아이디어를 얻었다. 낚싯대 장난감을 사용하되 그 끝에 달린 장난감이 고양이의 사냥감이라고 가정하는 것이다. 소파 아래 또는 종이봉투 안에 장난감을 넣고 당겨 고양이가 쫓고 싶게 만든다. 장난감은 야생의 먹잇감들이 그러는 것처럼 뛰었다 멈췄다 해야 한다. 먹잇감이 되는 동물은 절대 포식자 쪽으로 뛰지 않듯 장난감을 고양이 쪽으로 당겨선 안 된다. 목표는 고양이를 일하게 만들면서 게임에 진지하게 참여하게 하는 것이다.

놀이를 그만둘 때도 갑자기 휙 끝내지 말고, 천천히 장난감의 속도를 늦춘다. 낚싯대 끝에 달린 장난감이 피곤하거나 상처 입은 척하며 점점 천천히 움직인다. 그리고 고양이가 마지막으로 장난감을 한 번 잡게 해준 다음 그 즉시 뭔가 맛있는 것을 준다. 일상적인 식사를 줄 수도 있고, 아주 맛있는 간식을 줄 수도 있다. 고양이는 먹고, 그루밍하고, 그런 다음 힘센 사냥꾼으로 행복하게 잠자리에 든다. 놀이를 감독할 수 없는 상황일 때는 반드시 낚싯대를 고양이가 닿을 수 없는 곳에 둔다.

▶ 매일 놀이 세션을 해주면 고양이가 좋아할 것이다. 놀 때는 항상 장난감을 사용하고 너무 격해지지 않도록 지켜본다.

클리커 놀이

클리커 트레이닝 및 클리커 놀이는 고양이의 에너지를 우리 손이나 다리가 아닌 다른 곳으로 향하게 해 놀이 공격성을 없애는 데 도움을 준다. 고양이가 클리커 트레이닝의 기본 개념을 알고 있어야 하고, 타깃 트레이닝도 돼 있으며, 요청에 따라 앉을 수 있는 상태에서 시작한다. 클리커 트레이닝은 고양이의 강한 놀이 에너지를 다른 곳으로 돌리고 도전의식을 불러일으키는 재미있는 방법이다. 고양이의 놀이 행동 중 몇 가지를 포착하자. 예를 들어, 고양이가 점프를 잘 한다면, 클리커로 점프 순간을 포착한 다음 먹이를 주는데 고양이가 지나치게 흥분하기 전에 해야 한다.

먼저, 고양이에게 앉으라고 요청한다('앉아'를 가르치는 법은 2장에서 설명했다). 항상 '앉아'부터 한 다음 점프를 하게 해야 고양이의 에너지 넘치는 다른 활동들과 구분되면서 점프 행동에 시작점이 생긴다. 고양이가 앉으면 타깃 막대기나 깃털 막대를 고양이 위에 들고 점프를 유도한다. 고양이가 점프하는 사이 클릭하고 착지하면 먹이 보상을 준다. 타깃 막대기나 깃털 막대로 신호를 받은 고양이가 열 번 중 여덟 번 정도 점프 행동을 제대로 하면 다음에는 음성 신호를 덧붙인다. 지팡이로 고양이를 유인하면서 "점프."라고 말한다. 몇 단계 더 나갈 수도 있는데 점프해서 후프나 우리 팔을 통과하거나 우리 품 안으로 뛰어오르게 가르치는 것이다(이 부분은 9장에서 고양이에게 가르칠 수 있는 다른 재주들과 함께 소개된다).

▶ 놀이는 사냥의 연장이다. 주기적으로 장난감을 잡게 해주면 고양이의 좌절감을 낮출 수 있다.

타이밍이 중요하다. 고양이가 공격적이거나 지나치게 흥분했을 때 클리커 트레이닝을 하면 안 된다. 이런 상태일 때 클릭을 하면 공격적인 행동을 강화시키는 셈이 된다. 놀이가 과격해져서 고양이가 물거나 할퀸다면 바로 타임아웃을 준다.

고양이는 많은 에너지가 필요한 어질리티▼도 할 수 있다. 거실에 코스를 만든 다음 여러 개의 막대 사이를 이리저리 통과하고 터널 속을 달리거나 사다리를 뛰어넘으며 달리게 가르칠 수 있다. 의자, 작은 사다리, 터널, 플라스틱 원뿔, 상자 등이 가정식 고양이 어질리티 장비가 된다. 타깃 또는 깃털 막대기로 유인해 코스를 탐험하고 통과하게 하면서 고양이가 각 장비를 성공적으로 탐험하면 클릭하고 먹이 보상을 준다. 고양이 어질리티는 캣쇼를 통해 매우 인기가 많아졌고, 국제 고양이 어질리티 토너먼트 International Cat Agility Tournaments(ICAT)라 불리는 기관이 어질리티 단체를 만들고 싶어 하는 열광자들을 지도하고 있다.

가능하다면 매일 같은 시간대에 클리커 트레이닝 세션을 갖자. 고양이의 규칙적인 놀이 세션 직전이 클리커 트레이닝 세션을 하기 가장 좋은 시간이다. 이런 트레이닝 세션들은 고양이에게 정신적인 자극을 주고 기대감을 갖게 하며 고양이를 즐겁게 만든다. 좋아하는 보호자와 함께하는 것이기 때문이다.

▼ 여러 가지 장애물을 통과해 빠른 시간 내에 골인 지점에 들어오는 것을 겨루는 레포츠 중 하나 - 옮긴이주

왜 레이저 포인터로 놀아주는 게 좌절감을 줄까?

나는 레이저 포인터로 고양이와 놀아주는 것을 추천하지 않는다. 우연히 고양이 눈에 비추게 되는, 즉 눈을 상하게 만드는 위험은 차치하고라도, 레이저 포인터 놀이는 고양이에게 좌절감을 주는 비생산적인 활동이다. 고양이가 레이저 빛을 쫓는 것을 좋아하는 것처럼 보일 수 있지만 그 추적의 즐거움은 금세 좌절감으로 바뀐다. 먹잇감을 잡는 만족감을 절대 느낄 수 없기 때문이다.

고양이에게 놀이는 사냥의 연장이다. 놀이와 사냥의 가장 중요한 요소는 포획이다. 고양이는 자기 발아래 갓 잡은 먹잇감(장난감)의 느낌을 좋아하는데 레이저 포인터는 사냥감을 잡았을 때의 만족감을 절대 줄 수 없다. 오히려 좌절감을 느끼고 아무리 노력해도 잡힐 리 없는 레이저 빛을 잡으려고 미칠 지경이 된다.

▶ 볼앤트랙ball and track 장난감 같은 시중에 판매되는 퍼즐 장난감 및 상호작용 장난감은 고양이를 계속 바쁘게 만들고 도전하게 만든다.

고양이 간
공격성

고양이 간의 공격성은 많은 이유가 있겠지만, 주로 사회적 성숙기에 이른 2~4살가량의 고양이들과 관련이 있다. 인간의 청년기와 마찬가지로, 고양이도 세상에서의 자기 위치와 자기를 둘러싸고 있는 세상에 어떻게 적응해야 하는지 알아내려는 시기를 보낸다. 고양이 간 공격성은 특히 사이좋게 지내던 고양이들 간에 일어날 때 심각해진다. 상황에 따라 암컷들도 이런 폭력적 행동에 연루될 때가 있지만 가장 흔한 고양이 간 공격성은 대개 두 마리 수컷 사이에서 일어난다. 또 사회적 서열 문제, 낯선 고양이, 두려움, 그리고 영역 문제에 의해 일어날 수도 있다.

고양이 간 공격성은 수동적 공격부터 폭력적인 적극적 공격에 이르기까지 다양한 수준과 형태로 표현된다. 이런 행동 수정은 공격성의 원인과 정도에 따라 다르다. 시간과 참을성이 필요하고, 행동 수정과 클리커 트레이닝이 병행된 환경관리는 적어도 서로를 참을 수 있도록 서로에 대한 고양이의 태도를 바꾸는 것을 돕는다. 고양이가 아직 온전하다면 암수 모두 중성화 수술을 시키는 것도 해결책의 일부가 될 수 있다. 공격성이 심각하다면 5장에서 소개된 절차에 따라 서로를 다시 소개시켜주는 것이 문제를 해결할 수 있다. 경우에 따라서는 전쟁 중인 고양이 중 한 마리에게 새 보금자리를 찾아주는 것이 평화를 되찾는 유일한 방법인 수도 있다. 하지만 이런 가슴 아픈 해결법을 택하기에 앞서 할 수 있는 모든 방법을 철저하게 살펴봐야 한다.

수직적 공간이 중요하다

서로 지위가 비슷하거나 자기 지위를 확인하고자 하는 고양이들은 서열을 파악할 다른 방법이 없을 때 싸우곤 한다. 높은 캣타워, 창문 해먹, 여러 층이 있는 벽 선반, 책꽂이, 그 외에 다른 키 큰 가구들이 고양이가 평화롭게 사회적 서열을 표현하는 데 사용될 수 있다. 그래서 이런 여러 층을 가진 높은 공간을 많이 제공해줄 필요가 있다. 고양이는 집 안의 다른 동물에 비해 얼마나 높은 곳에 앉느냐로 자신의 지위를 보여준다. 서열은 고정적이지

▶ 고양이 간 공격성은 처음 만난 고양이뿐만 아니라 서로 잘 지내던 고양이 사이에서도 일어날 수 있다.

않다. 시간대가 언제인지, 어떤 방에 있는지, 어떤 고양이와 있는지 등 수많은 요인에 따라 유동적으로 변한다. 캣타워 꼭대기를 차지하는 고양이도 아침과 밤에 따라 다를 수 있다.

가구나 선반의 배치가 중요하다. 우연이라도 고양이가 갇혔다고 느끼는 상황을 만들지 않도록 주의한다. 공격적인 행동은 높은 곳까지 오르내릴 수 있는 길이 딱 하나뿐일 때 나타나기도 한다. 즉 내려오는 고양이가 올라가는 고양이와 만나게 되면 상대방을 때리거나 하악 소

▶ 높은 캣타워, 선반, 창문 해먹, 그 외에 다른 가구들이 고양이에게 필요한 수직적 영역을 제공한다.

리를 낸다. 오르내릴 수 있는 다양한 경로를 만들어줘서 이런 일을 피해야 한다. 캣타워 옆에 선반, 창문 해먹, 또 다른 캣타워 같은 가구를 두면 캣타워 꼭대기에 오르내릴 수 있는 길을 여러 개 만들어줄 수 있다. 고양이 가구, 선반, 캣타워 등을 놓는 위치도 중요하다. 고양이가 놀기 좋아하는 곳에 두는데 대개 보호자가 주로 시간을 보내는 방일 확률이 높다.

좋은 캣타워의 조건

캣타워를 구입할 생각이라면 캣타워가 모두 같진 않다는 것을 기억하자. 높이가 높고 바닥이 안정적이고 선반이 넓은 것이 가장 좋다. 선반은 포개어 있어선 안 된다. 고양이가 캣타워 꼭대기에 갇히는 상황이 생기지 않도록 지그재그로 배열돼야 한다. 캣타워는 공격성을 억제하기 위한 용도이므로, 오히려 부추기는 구조여선 안 된다. 캣타워를 오르내릴 수 있는 다양한 길을 만들어서 고양이들이 서로 마주치지 않게 한다.

관찰로 공격성이 나타나는 순간을 찾는다

관찰을 통해 경향성을 찾는다. 예를 들어, 어떤 고양이는 아침 그리고 저녁 같은 특정 시간에 까다로워지고, 어떤 고양이는 특정 장소에서 공격성을 드러낸다. 공격성과 관련된 시간이나 장소를 찾아냈다면 문제가 해결될 때까지 그 상황일 때는 고양이를 서로 분리시켜 놓는다.

전쟁 없이는 같은 방에 있질 못할 만큼 심각한 경우에는 서로 떼어놓은 다음 천천히 서로에게 다시 소개시킨다. 이때 분리되는 시간을 고양이가 벌로 여겨서는 절대 안 된다는 것을 기억하자. 고양이들은 각자 먹이, 물, 편안한 잠자리, 풍부한 환경을 제공받아야 되고, 가능하다면 밖을 내다볼 수 있는 안전한 창문도 있어야 한다.

공격성이 비교적 가볍거나 중간 정도라면 고양이들이 한 방에 있을 때 일단 지켜본다. 그리고 비교적 비활동적인 시간, 대개 가장 차분한 시간일 때 이들을 어울리게 한다. 이런 느긋한 시간에 클리커 트레이닝을 하는 것은 더 나은 관계를 형성하고 좋은 태도를 갖게 하는 데 좋은 기회가 된다.

▶ 불안감이나 공격성을 전혀 보이지 않으면서 함께 있을 때 클릭 소리로 강화한다.

클리커 트레이닝으로 공격성 없애기

고양이 간 공격성을 클리커를 통해 없애기에 앞서, 고양이가 클리커 트레이닝 기본 원리를 알고 있어야 한다. 그뿐 아니라 1~3장에서 설명했던 전용 매트나 스툴 위에서 앉아있기와 기다리기를 가르치면 고양이들이 영원히 휴전을 선언하게 만들 수 있다.

도저히 같은 방에 둘 수 없는 상태라면 아마도 처음부터 시작해야 한다. 이들이 서로 처음 보는 사이라고 가정하고 5장에서처럼 공식적으로 다시 소개시킨다. 서로에게 불쾌했던 전력이 있기 때문에 그저 서로를 견디는 정도조차 되는 데도 시간이 많이 걸릴 수 있다.

사실 많은 고양이가 비교적 온화해 보이는 형태의 공격성을 보인다. 대개는 서로 죽일 듯 싸우지 않고도 일정 시간은 함께 있을 수 있다. 하지만 겉으로 차분해 보여도 사실은 예민한 상태라는 것을 염두에 두고 그 일시적 휴전이 일어나는 위치들을 메모해둔다. 같은 공간에서 평화롭게 있을 때 또는 복도에서 서로의 옆을 태평하게 지나갈 때 클릭하고 먹이를 주면서 이런 '적대감의 부재'를 기회로 삼는다. 공격성, 잠재적 공격성 또는 불안감의 기색이 전혀 없을 때만 클릭하고 먹이 보상을 준다. 클릭은 한 번만 하고 두 마리 모두에게 즉시 보상을 주되 가장 공격적이거나 먹이 공격성이 심한 고양이에게 먼저 던져준 다음에 다른 고양이에게도 준다. 타이밍이 중요하다. 휴전 상태일 때를 클릭으로 표시하는 것이다. 1초도 늦거나 빨라서는 안 된다.

관계란 하루 만에 형성될 수 있는 것이 아니다. 참을성 있게 일관성을 유지하다 보면 결국 고양이는 휴전 지역을 다른 위치로 확장해나

> **클리커와 먹이 보상을 항상 준비한다**
> 항상 클리커와 먹이 보상을 몸에 지니고 있거나 미리 집 안 곳곳의 전략적 장소에 놔둔다. 그래야 긍정적 행동이 일어날 때마다 바로바로 표시할 수 있다.

▶ 고양이 사이에 자리를 잡은 뒤 우리가 교육하려는 고양이를 향해 신호를 보내고, 강화하고, 보상하면 된다.

가고, 휴전 시간도 연장될 것이다. 고양이들이 사고 없이 더 많은 시간을 함께 보낼 수 있게 되면 다음 단계로 넘어가 동시에 클리커 트레이닝을 시킬 수 있다.

고양이는 클리커 트레이닝의 기초, 신호에 따라 앉기, 기다리기를 잘 배워둔 상태여야 한다. 고양이가 같은 시간, 같은 장소에서 편안히 쉬고 있을 때 동시 교육을 시작한다. 방에는 서로 편안하게 느낄 만큼 떨어진 거리에 각자의 스툴, 의자, 또는 받침대 등을 놓아둔다. 전용 스툴 간의 거리는 고양이에 따라 다르다. 예를 들어 2미터는 떨어져야 평화롭게 있을 수 있다면 스툴이나 의자를 2미터 떨어뜨리면 된다. 고양이가 더 많은 공간을 원하거나 또는 그들 사이의 경계선이 너무 가깝다면 상황에 맞춰 스툴이나 의자 간 거리를 조정한다.

먼저 더 공격적인 고양이부터 의자 위로 올라가기, 앉기, 그리고 기다리기를 신호한 다음, 고양이가 신호대로 하면 클릭하고 먹이 보상을 준다. 고양이가 기다리기를 하는 동안 다른 고양이에게도 같은 행동을 신호한다. 여러 마리 고양이를 교육할 때는 그 고양이들 사이에 서서 고양이끼리 주고받게 될 시선을 부분적으로 막는다. 교육하려는 고양이 옆에 서서 관심과 클릭 소리를 그 고양이를 향해서 주면 된다.

고양이의 허용 수준을 알고 있어야 한다. 클리커 트레이닝이 모두에게 재미있어야 효과가 있다. 한 마리라도 지겨워하거나 불안해하면 세션을 그만두고, 태연한 태도로 고양이를 안전하게 분리시킨 다음, 다음날이나 몇 시간 후 세션을 다시 한다. 고양이가 함께 교육을 받을 때는 세션 때마다 의자 사이 거리를 1~2센티미터씩 좁혀나간다. 불안한 기색을 보이거나 그만 둘 것 같으면 더 천천히 한다. 너무 빨리 진행하고 있다면 원래의 편안해했던 거리로 되돌아간다. 3장에서 나왔던 300번 쪼는 비둘기를 기억하자.

고양이가 함께 교육받길 거부한다면 서로 떨어져있는 상태에서 새 행동을 가르치면서 각 고양이의 교육을 계속한다. 기억하자. 고양이가 나란히 클리커 트레이닝 연습을 할 때도, 새 행동을 가르칠 때는 항상 따로 하는 것이 중요하다. 그래야 서로 주의를 빼앗기지 않는다. 각자 새 행동을 배운 다음에 한 방에서 같이 전용 의자나 스툴 위에서 연습할 수 있다. 우리 최종 목표는 고양이가 휴전을 선포하고 공격성 없이 같이 있는 것이다.

▶ 고양이 두 마리의 몸짓 언어를 살핀다. 클리커 트레이닝에 흥미를 잃었거나 불안해 하는 기색이 보이면 안전하게 그들을 떼어 놓는다.

사례연구 : 고양이 간 공격성

상황

레오, 마스, 아테나와 비너스는 서너 살가량의 중성화된 고양이들이다. 모두 새끼 때부터 죽 조와 앤지와 함께 살고 있다. 이 네 마리 고양이는 그중 두 마리 수컷이 서로 싸우기 시작하기 전만 해도 무척 친했다. 싸움은 항상 레오가 마스를 공격하는 것으로 시작됐다. 겁을 먹은 마스는 화장실이 있는 방 밖에 오줌을 싸기 시작했다. 앤지의 말에 따르면 마스는 거의 하루 종일 눈치를 보며 초조해했다. 공격성은 아침과 저녁에 더 심해지는 것 같았다. 아무 사고 없이 한 방에 있을 때도 있었다. 마스가 침대 아래 숨어 지내는 때가 많았기 때문에 이런 시간이 흔치는 않았지만 말이다. 조와 앤지는 마음이 찢어지는 듯했다. 이 두 마리도 한때는 최고의 친구였는데 말이다. 앤지, 조와 네 마리 고양이는 약 110제곱미터(약 33평) 크기의 집에 살고 있었고, 고양이 화장실 세 개 모두 TV방에 있었다. 집에서 가장 키가 큰 가구는 소파와 책상이었다.

평가

사회적 성숙기에 이른 두 수컷이 서열상 자기 위치를 알아내려고 애쓰는 중이다. 즉, 서열 확립 차원에서 싸우는 것이다. 집은 공간이 한정적이고 수직적 영역도 없어서 이 두 수컷은 물리적 위치를 통해 자기 지위를 알아낼 수 없었다. 게다가 화장실도 충분하지 않았고, 그나마도 세 개가 모두 같은 방에 있었다. 마스는 레오의 공격 때문에 화장실 사용에 불안감을 느껴 화장실 바깥 구역에 오줌을 싸고 있었다.

추천

나는 환경 변화, 관리, 그리고 클리커 트레이닝을 병행할 것을 추천했다. 조와 앤지는 고양이에게 수직적 영역을 제공해주기 위해 높은 캣타워 세 개와 선반 두 개를 집에 들여놓았다. 캣타워는 TV방, 거실, 침실에 놓았다. 모두 조와 앤지가 집에 있을 때 가장 많은 시간을 보내는 곳이었다. 또 부엌과 다이닝룸에도 높이 올라갈 수 있는 가구와 선반들을 놓았다. 고양이가 캣타워 사이를 쉽게 오갈 수 있도록 천장 가까이 높은 선반도 달았다. 높이 올라갈 수 있는 장소를 제공한 것은 효과가 아주 좋았다. 수직적 영역을 추가해 레오가 자기 지위를 물리적 위치로 보여주게 되면서 공격성이 눈에 띄게 줄어들었다. 조와 앤지는 고양이들이 더 많은 선택권을 가질 수 있도록 뚜껑이 없는 커다란 화장실 두 개를 집 안의 다른 장소에 더 놓았다.

클리커 소리에 강한 긍정적 연관을 갖도록 앤지가 마스와 레오를 둘 다 클리커 트레이닝하는 데는 전부 약 20분이 걸렸다. 그녀는 언제든지 사용할 수 있도록 클리커와 먹이 보상을 작은 플라스틱 상자에 담아 집 안 곳곳에 두었다.

처음에는 공격적인 사건이 거의 일어나지 않는 정오에만 고양이들이 함께 있는 것이 허락되었다. 조와 앤지는 이때마다 늘 고양이를 감독했다. 때때로 레오는 여전히 곧 덤벼들 기세로 마크를 노려봤고, 그 몸짓 언어가 무슨 뜻인지 잘 아는 앤지는 그때마다 레오가 마스를 보지 못하도록 몸으로 막아 마스는 사고 없이 탈출할 수 있었다. 앤지는 두 고양이가 같은 방에서 편하게 있을 때 클리커를 눌러서 '공격성의 부재'를 표시했고, 즉시 먹이 보상을 레오에게 먼저 던져준 다음 곧장 마스에게도 던져줬다. 앤지는 약 일주일 후, 두 고양이가 사고 없이 한 방에 같이 있는 시간이 훨씬 길어졌다는 것을 알아차렸다. 앤지는 계속해서 평화로운 순간을 클리커로 표시하고 먹이 보상을 던져줬다. 교육이 시작되고 한 달이 지나자 이 두 수컷 고양이는 같은 캣타워에 앉아있었다. 레오는 꼭대기 선반을, 마스는 그 아래 선반을 차지한 채 말이다.

레오와 마스의 관계는 서로 죽이려 들지 않고도 같은 공간에 있을 수 있을 만큼 좋아졌다. 전처럼 최고의 친구가 되진 못했지만 적어도 서로를 참을 수 있게 되었다.

이동장 교육

이동장 교육

트라우마 없이 병원 가기

───────

병원에 가서 진료를 받기까지의 과정은 고양이는 물론, 보호자, 수의사 모두에게 심각한 트라우마가 생길 수 있는 일이다. 소리 지르고 저항하면서 도망가는 고양이를 이동장 안에 넣으려고 온 집 안을 쫓아다니는 것부터가 힘든 일이다. 숨고 거부하는 것은 고양이가 아는, 이동장(크레이트)에 대한 자기 견해를 표현하는 유일한 방법이다. 운전 중에 고양이가 스트레스 가득한 목소리로 크게 울어대면 제아무리 무관심한 사람도 불안해질 수밖에 없다. 그리고 동물병원에 도착한다. 어떤 고양이는 너무 겁을 먹어서 이동장 구석에 한껏 웅크린 채 다시 아기 고양이가 되거나 아니면 극심한 트라우마를 가진 작은 털뭉치로 바뀐다.

더 편안하고 친절한 방법으로 병원에 데려갈 수 있다. 클리커 트레이닝과 역조건 형성 그리고 탈감각화를 통해 고양이는 스스로 이동장에 들어가고, 차에 타고, 병원에서의 경험에 잘 적응할 수 있다.

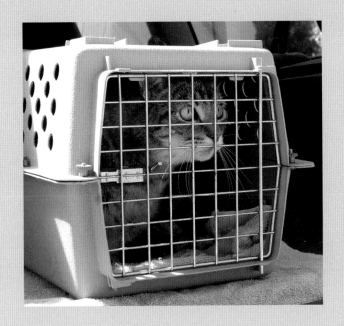

동물병원 가기 도구 상자

- 1차 강화물 : 먹이
- 2차 강화물 : 클리커
- 단단한 재질의 이동장
- 강아지용 패드 또는 작은 수건
- 합성 페로몬 스프레이
- 큰 수건

이동장 기피
문제 해결하기

이동장을 좋아해 알아서 들어가는 고양이도 있지만, 근처에도 안 가려고 갖은 수를 다 쓰는 고양이도 있다. 방 안에 이동장이 있다는 낌새만 채도 부리나케 사라져버리고, 며칠 동안 숨어서 사람이 없을 때만 물이나 먹이를 먹으러 잠깐씩 나오기도 한다. 또는 이동장 안에 도무지 넣을 수 없게끔 이동장을 네 발로 붙잡고 버티는 고양이도 있고, 이 '공포의 근원'을 피하기 위해서라면 무엇에든 누구에게든 달라붙는 고양이도 있다.

고양이의 이런 이동장 관련 트라우마는 더 긍정적으로 적어도 중립적으로 바뀌어야 한다. 동물병원에 갈 때, 그리고 화재 같은 잠재적 위기 상황이 닥쳤을 때 '이동장 사용'은 정말 중요하기 때문이다. 언제든 응급 상황 및 예기치 못한 사고가 일어날 수 있고 그럴 때는 고양이가 기꺼이 그리고 재빨리 이동장 안에 들어가는 것이 정말 중요하다. 이런 비상사태가 없다고 장

이동장 사용 전 주의 사항

항상 이동장을 들어올리기 전에 문과 이음새의 걸쇠를 확인해야 한다. 잠긴 상태에서 걸쇠, 나사, 다른 이음새들을 살핀다. 걸쇠가 꽉 잠겨 있지 않다면 어느 순간 이동장이 상하로 분리되어 고양이가 탈출할 수 있다. 문도 항상 잘 확인해야 한다. 이동장을 조립할 때 실수로 잘못된 위치에 끼울 수 있고 안 좋은 타이밍에 열리거나 떨어져 나갈 수 있다.

담하더라도 고양이를 이동장에 넣으려고 몇 시간씩 쫓아다니고픈 사람은 아무도 없을 것이다.

이동장 준비하기

딱딱한 재질의 이동장을 추천하는데 상부를 떼어낼 수 있어서 고양이에게 쉽게 접근할 수 있기 때문이다. 어떤 하드 이동장은 잠금 걸쇠로 상하부를 연결하고 어떤 것은 큰 나사로 조립한다. 답답하지 않도록 통풍창이 여러 곳에 있는데 어떤 것은 꼭대기에도 있다. 통풍창은 문처럼 또 다른 입구 역할을 하기도 한다. 이동장은 고양이가 편안하게 일어서서 방향을 바꿀 수 있을 만한 크기여야 한다. 고양이가 더 자주 들어가게 유인하기 위해 바닥에 강아지 배변훈련 시킬 때 사용하는 흡수력 있는 패드나 부드러운 수건을 깔 만한 공간도 충분해야 한다.

이동장에 대한 고양이의 생각을 완전히 바꿔 더 이상 공포의 근원으로 여기지 않게 만들 수 있단 사실을 믿기 어려울 수 있다. 일단 먼저 이동장을

▶ 딱딱한 재질의 이동장은 쉽게 분리되어 수의사가 고양이를 더 쉽게, 스트레스를 덜 주면서 검사할 수 있다.
이동장 하부는 고양이에게 편안하고 재미있는 장소가 돼야 한다.

분리한다. 잠금 걸쇠를 빼고 문도 뻬낸다. 이동장 하부를 고양이가 가장 좋아하는 장소 중 한 곳에 몇 주간 둔다. 어쩌면 몇 달이 걸릴 수도 있다.

고양이 냄새가 묻어있는 부드러운 뭔가를 이동장 바닥에 놓는다. 고양이가 깔고 자던 수건도 좋고 아니면 수건으로 부드럽게 고양이를 문지른 다음 이동장 안에 둔다. 고양이가 깔고 자던 베개나 옷도 효과가 있다. 고양이가 그 위에 앉아있거나 자는 것을 좋아하고 고양이 냄새가 나는 것이라면 무엇이든 상관없다.

이동장에 대한 고양이의 생각을 바꾸기에 앞서, 1장에서 설명한 기초 클리커 트레이닝이 되어있어야 한다.

'이동장 = 재미있는 것' 공식 만들기

클리커 트레이닝으로 이동장에 대한 고양이의 생각을 바꿀 수 있다. 고양이가 이동장 옆을 우연히 지날 때 클릭으로 표시하고 먹이 보상을 준다. 이동장과 긍정적 또는 중립적 상호작용을 할 때마다 클릭하고 먹이를 준다. 태연하고 한가롭게 옆을 걸어서 지나가거나 그 안에 또는 그 옆에 앉을 때도 상을 줘야 한다. 클릭을 한 다음에는 먹이 보상을 이동장 안으로 던져 먹이를 먹기 위해 안으로 들어가게끔 한다. 고양이가 '이동장은 시간을 보내기 좋은 장소 또는 친밀한 장소'라고 생각하게 될 때까지 걸리는 시간은 고양이마다 다르다. 하루가 걸릴 수도 있고 일주일 이상이 걸릴 수도 있다. 고양이가 먹이 보상을 열정적으로 좋아하지 않는다면 일상적인 식사를 보상으로 사용한다. 즉 일상적인 식사 직전에 이동장 세션을 가지면 된다.

놀이도 이동장에 대한 생각을 바꾸는 것을 돕는다. 낚싯대 장난감 끝을 이동장 안이나 주변으로 던진다. 고양이가 이동장 안으로 장난감을 쫓아 들어가면 이동장 안에 먹이 보상을 던진다. 어떤 고양이들은 물어오기 놀이를 좋아하는데, 이런 고양이와 사는 행운을 누리고 있다면 물고 올 장난감을 이동장 안으로 던져준다. 놀이 이외에 다른 행동을 더 좋아하는 고양이도 있다. 빗질을 좋아할 수도 있고 또는 보호자의 애정에 동기부여가 될 수도 있다. 고양이가 좋아하는 활동이 뭐건 간에 이동장 안이나 바로 옆에서 한다. 최대한 많이!

일단 고양이가 상부가 없는 이동장 안에 들어가는 것을 편안해하면, 이동장 상부를 문은 달지 않은 채로 연결한다. 상부가 움직이거나 떨어지면 그 소리나 움직임에 놀라 이동장을 더 두려워하게 될 수 있으므로 반드시 안전하게 잠가야 한다. 이동장을 소개하는 이 단계에서는 고양이가 즐겁게 들어갔다 나왔다 할 수 있고, 그래서 갇혔다는 느낌을 받지 않도록 문이 없는 상태여야 한다.

이동장 상부가 없을 때 했던 활동들을 계속하면서 항상 이동장 안에 먹이를 던져준다. 놀아줄 때는 장난감을 이동장 안에 던진다. 고양이가 이동장 안으로 장난감을 쫓아 들어가면 클릭한다. 단 고양이가 안에 있을 때 클릭하고 먹이를 던져줘야 한다.

2장에서 말했던 식도락

▶ 고양이를 이동장 안에 들어가라고 강요하지 않는다. 여유를 가지고 고양이가 이동장을 긍정적인 것들과 연관 짓도록 돕는다.

가형 범주에 드는 고양이는 보물사냥을 즐기게 해준다. 즉, 캣타워, 선반, 책꽂이 위, 장난감 안, 그리고 이동장 안에 골고루 먹이를 숨겨놓는 것이다. 고양이 이동장은 먹이 보상을 숨길 완벽한 장소다.

　　고양이가 자기 의지로 이동장 안에 들어가면 클릭하고 먹이 보상을 준다는 것을 기억하자. 목표는 고양이가 이동장에 대한 두려움을 없애는 것이고 이동장을 재밌는 일이 일어나는 중립적 장소 또는 공간으로 여기게 하는 것이다. 고양이가 이동장 안에 들어가지 않더라도 낙담하지 말자. 안으로 들어갈 만큼 이동장을 충분히 편안하게 느낄 때까지는 몇 주가 걸리는 고양이도 있다. 반대로 이동장에 대한 생각이나 느낌을 더 빨리 바꾸는 고양이도 있다. 중요한 것은 이동장 안에 들어가라고 강요하지 않는 것이다. 강요는 이동장에 대한 고양이의 두려움을 더 강화시킨다. 그 대신 이동장 주변에서 고양이가 좋아하는 활동과 클리커 트레이닝을 하면서 부드럽게 동기부여시킨다.

이동장 문 닫기

고양이가 이동장을 편안하게 드나들면 문을 설치한다. 모든 활동과 트레이닝을 계속하되 단, 문은 항상 열려있어야 한다. 고양이가 이동장에 들어가는 것에 익숙해질 때까지 문은 계속 열어둬야 한다. 고양이가 이런 상황에 편안해하면 안에 들어갔을 때 문을 닫는다. 1초 동안만 닫아뒀다가 바로 열어준다. 문이 닫혀있는 순간에 클릭을 하고 철망 사이로 정말 맛있는 먹이 보상을 넣어준다. 고양이가 이동장 안으로 들어갈 때마다 문을 닫아두는 시간을 1초씩 늘려나간다. 고양이가 불편해하거나 불안해한다면 우리가 너무 빨리 너무 많은 것을 요구한 것이므로 다시 고양이가 편안해했던 단계로 되돌아가서 더 천천히 진행한다.

▶ 이동장 문을 설치한 다음 열어둔다. 이동장 안에서 놀면서 클리커 트레이닝을 계속한다. 고양이가 편안해할 때만 문을 닫는다.

이동장 들기

고양이가 약 5분간 문이 닫힌 이동장 안에 평온하게 있게 되면 다음 단계로 넘어간다. '평온 테스트'에 통과하면, 조심스럽게 이동장을 들어올린 다음 다시 내려놓는다. 고양이의 반응을 볼 수 있도록 이동장 문은 우리 쪽으로 향하게 한다. 이동장을 들고 있는 동안 고양이가 편안해 보이면, 클릭을 한 다음 이동장을 내려놓은 뒤 문을 열고 먹이 보상을 안에 던져준다. 문은 고양이가 하고 싶은 대로 들락날락할 수 있도록 열어둔다. 문을 열어두면 고양이가 자신감을 갖게 된다. 마음대로 선택할 수 있기 때문이다. 즉, 먹이 보상을 먹은 다음 이동장 밖으로 나갈 수도 있고 아니면 계속 그 안에 있을 수도 있다.

고양이가 안에 있는 동안 이동장을 옮기는 거리나 시간을 차츰 늘려나 간다. 처음에는 이동장을 1미터 정도만 움직인다. 고양이가 평온해하고 어 떤 불안감의 징후도 보이지 않으면 이동 중에 클릭한 다음 이동장을 내려 놓고 문을 열고 맛있는 먹이를 던져준다. 곧, 이동장을 다른 방까지 옮길 수 있게 된다. 클릭과 먹이 보상을 잊지 않는다.

고양이가 이동장 안에 있는 상태로 온 집 안을 편안하게 돌아다닐 수 있을 때까지 계속한다. 불편함 또는 스트레스 낌새가 조금이라도 보이면 즉시 멈추고 이동장을 내려놓은 뒤 안전한 곳에서 밖으로 나올 수 있게 한 다. 그런 다음 고양이가 편안해했던 앞 단계로 돌아가 거기서부터 천천히 다시 한다.

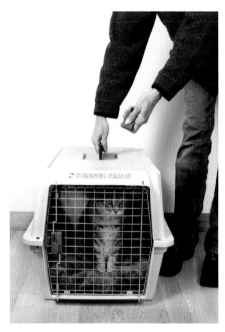

▶ 이동장을 움직여도 고양이가 평온해한다면, 클릭을 한 번 하고, 이동장을 내려놓은 뒤에 먹 이 보상을 준다.

고양이 클리커 트레이닝

합성 페로몬 스프레이

8장에서 다시 설명하겠지만 합성 페로몬 스프레이는 콘센트에 꽂아두는 합성 페로몬 디퓨저와 유사하게 이용할 수 있다. 이것은 고양이의 뺨에 있는 냄새분비샘에서 생산되는 호감을 주는 페로몬을 모방한 것으로 동물병원으로 이동할 때를 비롯해 여러 가지 스트레스 상황에서 스트레스를 낮춰준다. 이동장 안에 한두 번 짧게 뿌려주면 끝이다. 고양이가 이동장 안에 들어가기 약 20분 전에 스프레이를 뿌려둔다. 또, 고양이를 핸들링하기 전, 수의사와 수의테크니션들에게 이 페로몬 스프레이를 손에 한 번 뿌려달라고 부탁한다. 진료 전에 손에 한 번 짧게 뿌린 다음 양손을 비비고 몇 분 정도 자연 건조시키면 고양이의 스트레스를 줄여줄 수 있다. 합성 페로몬 스프레이는 마술이 아니다. 다른 모든 추천 사항과 함께 사용되어야 효과가 있다.

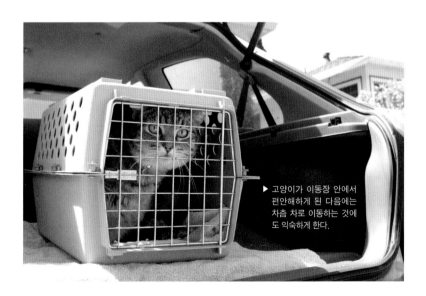

▶ 고양이가 이동장 안에서 편안해하게 된 다음에는 차츰 차로 이동하는 것에도 익숙하게 한다.

자동차 타기

고양이에게 자동차는 공포의 장소가 될 수 있다. 불행하게도 동물병원 방문은 대부분 자동차 타기로 시작된다. 고양이가 이동장 안에서 집 안 여기저기로 옮겨지는 것에 편안해하면 여행 준비를 시작할 수 있다. 이동장에 있는 고양이를 차로 데려가기 전에 이동장이 단단히 잘 잠겨있는지부터 확실하게 점검한다.

이동장을 고양이 수건으로 덮으면 바깥세상의 엄청난 소리나 풍경들이 덜 위협적이고 덜 공포스럽게 느껴져 고양이가 상황을 좀 더 쉽게 받아들일 수 있다. 차로 데려가기 전, 이동장을 놓을 수 있도록 미리 뒷좌석을 정돈해 둔다. 수건을 덮고 자리도 정리했다면 첫 차타기 연습을 할 준비가 됐다.

고양이가 들어있는 이동장을 차 안에 넣고, 그 옆에 앉은 다음 차 문을 닫는다. 고양이가 아무런 스트레스나 불안감 없이 평온해하면 클릭을 한 다음 문 사이로 먹이 보상을 넣어준다.

차를 타는 동안 자연스럽게 불안감이나 두려움을 드러내는 고양이가 있다. 만약 고양이가 극도로 두려워하며 이동장 구석에서 몸을 잔뜩 웅크리거나 큰 소리로 울면 집으로 데려가 과정을 다시 시작한다. 단, 각 단계를 더 천천히 진행해야 한다.

차타기로 돌아가서, 고양이가 평온해하면 아주 짧게 드라이브를 한다. 그런 다음 집 안으로 데리고 돌아가 이동장 밖으로 꺼내준다. 며칠 동안 또는 일주일 동안 몇 차례 세션을 한다. 차츰 차에 있는 시간을 늘려가면서 말이다.

마울리의 차타기 에티켓 바꾸기

나의 열다섯 살 된 벵골 고양이, 마울리는 끔찍한 추락 사고로 심하게 찢어진 상처 때문에 수술을 받았다. 비극적이게도, 마울리가 사고가 나던 날 아버지가 돌아가셨다. 가족과 함께 있는 것과 수술 한 마울리를 돌보는 일은 둘 다 중요했기 때문에 나는 약을 먹이고 상처를 소독하기 위해 매일 마울리를 어머니 집으로 데려가야 했다. 즉, 매일 마울리를 이동장에 넣어 차를 타고 이동해야 했다.

마울리는 이동장에 아무 거부감도 없었고 그 안에 들어가는 것을 매우 좋아했다. 사실, 마울리는 자기 이동장을 사랑했다. 하지만 차타기는 늘 싫어했다(또는 내 생각이 그렇단 말이다). 차를 타고 있을 때 마울리는 내내 목이 터져라 소리를 지르고 울부짖었다. 이제 나는 그 이유를 안다. 마울리는 말린 닭고기를 사랑한다. 한 손으로 운전을 하는 동안 나는 다른 손으로 이동장 문 너머로 계속 말린 닭고기를 주었었다. 즉, 마울리가 울부짖는 것을 강화하고 있었던 것이다. 마울리는 비명을 지를 때마다 닭고기 조각을 받았다. 마울리는 어떻게 하면 자기가 가장 좋아하는 먹이를 배달받을 수 있는지 재빨리 배웠다. 그저 힘껏 소리만 지르면 됐다.

나는 이 행동을 바꾸기 위해 말린 닭고기로 무장한 채 마울리와 함께 뒷자리에 탔다. 마울리는 평소처럼 소리를 지르기 시작했다. 하지만 마울리도 숨은 쉬어야 했다. 숨을 쉬기 위해 소리 지르기를 멈추는 순간, 나는 그 순간적인 침묵에 즉시 클릭을 하고 먹이 보상을 줬다. 비명과 비명 사이의 침묵이 조금씩 길어지기 시작했고 곧 마울리는 자기가 조용히 하면 클릭 소리가 나고 먹이 보상을 받는다는 사실을 이해했다.

동물병원
가기

이제 고양이는 이동장을 받아들였고 걱정 없이 동물병원까지 갈 수 있게 됐다. 다음 단계는 실제 동물병원을 방문하는 것이다. 어떤 고양이는 동물병원을 무서워한다. 불행히도 고양이가 이전에 동물병원에서 나쁜 경험을 했다면 수의사를 만나러 가는 것은 더욱 힘들 것이다. 고양이는 물론 보호자와 수의사에게도 말이다. 고양이의 트라우마를 최소화하고 관련 있는 모두가 최대한 스트레스를 덜 받기 위해, 우리는 물론 동물병원 직원들이 할 수 있는 방법이 몇 가지 있다.

대기실에서 안심시키는 법

대개 수의사를 만나기 전 영원처럼 느껴지는 시간을 대기실에서 기다려야 한다. 이때도 고양이가 병원 안의 소리나 광경으로부터 편안해할 수 있게 계속 수건으로 이동장을 덮어둔다. 이동장을 덮어두면 고양이에게 위험으로부터 숨어있는 느낌을 주기도 한다. 기다리는 동안 다른 동물 손님들로부터 떨어져 조용히 앉아있을 만한 곳을 찾는다. 이동장은 고양이가 병원의 다른 환자들을 볼 수 없는 곳에 둔다. 조용하고 차분한 목소리로 말을 건네는 것은 고양이를 안심시켜주는 데 도움이 된다.

진료실에서 모두가 편한 법

진료실로 안내를 받은 다음에는 이동장을 덮었던 수건을 걷어 진료대 위에 펼쳐놓는다. 딱딱한 진료대를 부드럽게 만들어줄 뿐만 아니라 수건 냄새 덕분에 이동장 밖으로 나온 고양이의 스트레스가 완화된다.

　이동장 구석에 웅크리고 있는 고양이를 진찰하기란 수의테크니션이나 수의사에게 힘든 일이다. 이동장 밖으로 꺼내려고 목덜미를 잡으면(목 뒤의 느슨한 피부를 잡는 것) 고양이에게 트라우마가 될 수도 있고, 그러면 고양이가 물거나 할퀼 수도 있다. 결국 관련 있는 모두에게 두려움을 주는 상황이 될 수 있다. 고양이를 꺼내는 과정은 더 조심스럽고 편안하게 이뤄져야 한다. 가능하다면 수의사가 진료실에 들어오기 전 이동장 상부를 벗기진 말고 잠금 걸쇠만 풀어놓는다. 이러면 고양이는 최대한 편안함을 느낄 수 있다. 그런 다음 수의사가 고양이를 진료할 준비가 되면 이동장 상부만 살짝 들어올리면 된다.

▶ 수의사에게 고양이의 개성 및 스트레스 상황에서 보이는 반응을 이야기해주는 것이 좋다.

이 방법의 또 좋은 점은, 상황
에 따라 다르긴 하지만 여전히 고
양이가 친숙한 이동장 안에 있는
상태로 수의사가 부분적으로나마
진료를 볼 수 있다는 것이다. 이는
모두에게 훨씬 스트레스를 덜 주는
상황이다.

고양이를 진료하기 전, 수의사와 수의테크니션이 고양이와 친해지면
고양이가 더 반응을 잘하기 마련이다. 미리 고양이에 대해 그리고 증상에
대해 이야기해주고, 만약 고양이가 유난히 예민한 부위가 있거나 낯선 사람
을 잘 할퀸다거나 스트레스를 받으면 천장에 매달려 버틴다는 등의 특징을
귀띔해주는 것도 좋다. 수의사도 고양이가 힘이 세다거나 사람 손아귀를
빠져나가는 기술이 탁월하다는 사실을 미리 알면 좋아할 것이다.

이런 평온한 접근 방법에 대부분의 고양이가 호의적으로 반응하지만,
인생살이가 그렇듯 항상 예외는 있다. 고양이가 유난히 더 동물병원 방문
을 두려워한다면 가정 방문 및 스트레스를 줄여줄 처방약 등에 관해 수의사
와 논의한다.

집에 돌아온 후, 냄새 교환하기

동물병원에 다녀온 고양이는 다른 고양이들에게 낯선 냄새를 풍기게 된다.
즉, 병원 냄새가 난다. 우리는 이를 알아차리지 못하지만 집에 있는 고양이
들은 다르다. 시각적으로는 자기 친구란 걸 알지만 냄새가 이상하다고 확
신하게 되면 고양이 간에 혼란, 대립 그리고 때로는 폭력 사태까지 일어날
수 있다. 동물병원에 즐겁게 다녀온 이후 우리도 고양이도 이런 스트레스

를 받을 필요는 없다. 고양이가 병원에서 돌아오면 대립을 피하도록 별개의 방으로 데려간다. 깨끗한 수건으로 집에 있던 고양이를 부드럽게 마사지한 다음 병원에 갔다 온 고양이를 이 수건으로 마사지해준다. 집에 있던 고양이의 냄새를 병원에 다녀온 고양이에게 옮겨서, 집에 있던 고양이가 자기 오랜 친구를 알아볼 수 있게 도와주는 것이다.

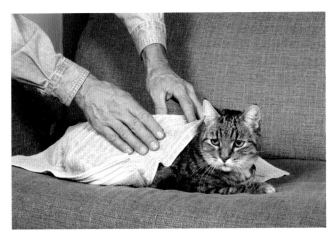

▶ 고양이가 병원에서 돌아오면, 깨끗한 수건을 이용해 집에 있었던 고양이의 냄새를 병원에 다녀온 고양이에게 옮긴다.

사례연구 : 동물병원에 간 지냐

상황

몇 해 전 어느 추운 겨울 밤, 갑자기 나의 또 다른 암컷 벵골 고양이, 지냐가 아픈 바람에 바로 수의사에게 가야 했다. 하필 일요일 밤이었고, 주치수의가 근무하고 있지 않았기 때문에 응급동물병원으로 갈 수밖에 없었다. 나는 지냐를 이동장에 넣고 뒷좌석에 실은 다음 차를 몰았다. 동물병원에 도착한 우리는 작은 진료실로 안내를 받았다. 수의테크니션이 예비 진료를 위해 들어왔다. 내가 지냐를 들어올릴 수 있도록 이동장 상부의 잠금 걸쇠를 풀려고 버둥대는 동안 그녀는 거의 말이 없었다. 나는 한겨울 추위에 손이 꽁꽁 얼어붙은 바람에 잠금 걸쇠 몇 개를 푸는 게 쉽지 않았다. 수의테크니션은 도와달라는 내 요청을 무시했고 그 대신 짜증 섞인 탄식을 내뱉더니 이동장 문을 열었다. 그녀는 손을 넣어 지냐의 목덜미를 잡아 끌어내려 했다. 수의테크니션답지 않은 잘못된 행동이었다. 그녀는 지냐에 대해 아무것도 아는 것도 없었고 내게 어떤 것도 묻지 않았다. 그 순간 지냐는 그녀를 문 다음 이동장 밖으로 탈출했다. 그리고 자기가 찾을 수 있는 가장 높은 곳으로 올라갔다. 내 머리 위로 말이다. 수의테크니션은 내게 소리를 꽥 지르고는 밖으로 나갔다. 그동안 나는 발톱에 잔뜩 엉킨 머리카락을 풀어 지냐를 머리에서 내리고는, 스웨터 안에 품고 그녀를 위로해주었다. 지냐는 몸을 떨고 있었다.

평가

지냐는 수의테크니션의 무신경한 핸들링에 기분이 나쁘다는 것을 두려움이 깔린 행동으로 표현했다.

해결

몇 분 후 수의사가 들어와 지냐에게 부드럽게 말을 걸기 시작했고 나에게 이런저런 것을 물었다. 그리고 집게손가락을 지냐에게 뻗어 냄새를 맡게 했다. 지냐는 안심했다. 그리고 수의사는 아무 문제없이 지냐를 진찰했다. 올바른 접근법과 핸들링 방법이 만들어낸 큰 차이였다. 지냐와 내가 그 추운 겨울밤 겪었던 이 일이 이 장의 영감이 되었다.

화장실 문제

화장실 문제

고양이 잘못이 아니다

고양이 행동문제 중 가장 크게 좌절감을 일으키는 것 중 하나가 바로 화장실 문제다. 슬픈 소식은 화장실 문제가 많은 고양이가 버려지고 보호소를 거쳐 결국 안락사되는 가장 큰 이유 중 하나라는 것이고, 좋은 소식은 대부분이 해결 가능하다는 것이다. 정말 쉽게 해결할 수 있는 경우도 있고 좀 더 시간과 노력이 필요한 경우도 있다. 고양이는 이런 우리 노력을 받을 가치가 충분한 동물이다.

고양이의 행동에는 항상 원인이 있다. 고양이가 화장실 문제를 갖고 있다면 그것은 고양이 잘못이 아니므로 벌을 줘서는 안 된다. 그저 자기 환경의 무엇, 건강 문제 또는 자기 세상에서 일어나고 있는 사건에 반응하는 것일 뿐이다. 어느 날 낮잠에서 깬 후 이제부터는 소파에 아무렇게나 오줌을 누겠다고 마음먹는 것도 아니고, 느닷없이 갑자기 어슬렁어슬렁 돌아다니며 문에 오줌을 뿌리는 것이 재밌겠다고 생각하는 것도 아니다. 보호자의 잘못된 화장실 관리가 고양이 화장실 문제의 가장 대표적인 원인이고 다행히 바로잡기 쉽다. 또, 중성화 수술을 받지 않은 고양이들이 화장실 밖에 오줌을 뿌리거나 누는 것으로 야생의 부름에 응답하는 것은 일반적이다.

화장실 문제를 비롯해 모든 종류의 부적절한 행동은 그 행동의 원인을 파악하고 나면, 관리, 환경의 변화, 행동 수정의 병행을 통해 얼마든지 바로잡을 수 있다.

화장실 문제 해결 도구 상자

- 1차 강화물 : 먹이
- 2차 강화물 : 클리커
- 효과적인 효소 세제
- 뚜껑이 없는 넓은 화장실
- 향이 없는 화장실 모래
- 합성 페로몬 디퓨저

건강 문제인
경우

행동 문제라고 판단하기에 앞서 수의사의 진료부터 받아야 한다. 건강상의 문제로 인해 고양이가 화장실 밖에서 배변을 할 수도 있기 때문이다. 더군다나 이런 건강 문제는 목숨을 위협할 만큼 매우 고통스러운 것일 수 있다. 관련 있는 건강 문제 및 질병에는 요로 감염, 당뇨, 신장 질환, 갑상선 질환, 치매 등이 포함되는데 사실 이 리스트는 끝이 없다. 변비, 기생충 감염, 설사, 그리고 염증성 장 질환 등 말이다. 정말이지 고양이를 수의사에게 데려가 검사받는 일이 얼마나 중요한지는 더 이상 설명할 길이 없을 정도다!

▶ 건강상의 문제를 제외하기 위해 먼저 수의사에게 데려간다.

성적 문제인
경우

호르몬도 부적절한 소변 문제의 주요 원인이 될 수 있다. 그래서 반드시 고양이를 암수 모두 중성화시켜야 한다. 암컷이건 수컷이건 모든 고양이가 오줌을 뿌리고 화장실을 사용하지 않으려 하기도 한다. 몸이 달아오르면 고양이들은 다른 고양이들에게 자기 명함을 뿌리고 다닌다. 이 경우 난소 제거술 또는 중성화 수술을 하면 대부분 문제가 해결된다. 수술 후 호르몬 수준이 안정되는 데는 약 한 달 정도가 걸린다. 성묘가 된 다음에 난소 제거술 또는 중성화 수술을 받은 고양이는 때로 오줌 뿌리는 행동이 습관으로 남는 경우가 있는데 이 역시 행동 수정으로 바로잡을 수 있다.

관리상 문제인
경우

보호자의 잘못된 화장실 관리와 고양이가 오줌을 뿌린 곳의 허술한 청소가 화장실 기피 문제를 일으키는 대표적인 원인이다. 또 다른 원인으로는 동네 고양이의 존재를 들 수 있다. 고양이 간 공격성과 새 고양이의 소개를 비롯해 고양이 사이의 관계 문제는, 고양이로 하여금 흔적을 남기게끔 하는 것은 물론 원래 사용하던 화장실을 사용하지 않게 하기도 한다. 좁은 구역 안에 너무 많은 고양이가 있는 것도 원인이 된다. 또 긴장감, 스트레스, 집 안의 변화도 고양이에게 두려움을 줄 수 있다. 새 소파를 들이거나 가구 위치를 바꾸는 것도 고양이가 오줌을 아무데나 뿌리게 하는 이유가 된다. 대표적인 원인들을 언급했지만 이들은 화장실 문제를 일으키는 원인 중 일부일 뿐이다. 이 책에서 부적절한 배변 문제를 철저하게 다 살펴보기엔 한계가 있으니 만약 문제 해결이 불가능해 보이는 상황이라면 공인 고양이행동컨설턴트나 수의행동학자 같은 숙련된 전문가와 상담하자.

올바른 화장실
관리법

화장실 문제를 일으키는 가장 일반적인 원인은 바로 보호자의 잘못된 화장실 관리다. 이 경우 화장실의 위치와 종류를 바꾸거나 우리 습관을 바꾸면 쉽게 해결된다.

보호자들은 고양이 화장실을 마련할 때 고양이 입장을 최우선으로 생각한다고 여긴다. 고양이는 프라이버시를 존중받길 원한다고 생각해 화장실을 벽장이나 샤워실 안에 두거나 뚜껑이 있는 박스형 화장실을 사용하는 사람이 많다. 어떤 사람은 출입구만 빼고는 완전히 숨겨진 정교한 디자인의 캐비닛 화장실을 비싼 돈을 주고 설치하기도 한다. 하지만 이렇게 완전히 숨겨진 형태의 화장실은 한 집에 사는 우리들 또는 손님의 눈에도 띄지 않을뿐더러 냄새도 나지 않는다는 이유로 보호자가 더 선호하는 것이 사실이다. 향이 나는 모래도 고양이 배변 냄새를 가려준다는 이유로 선호되고 있다. 하지만 이 역시 잘못된 것이다. 배변 냄새가 나지 않는다

▶ 보호자의 잘못된 화장실 관리는 고양이가 화장실 사용을 거부하게 만드는 가장 일반적인 원인이다.

고 여기는 건 우리이지, 고양이는 아니다. 고양이는 후각이 정말 뛰어나다. 오히려 향이 나거나 이미 더럽혀진 모래 때문에 화장실을 기피하게 되는 문제가 일어날 수 있다. 향이 나는 모래에 의지하는 사람들은 보통 매일 화장실 청소를 해주지 않거나 고양이에게 충분한 개수의 화장실을 주지 않는다. 결과는 생각하지 않은 채 말이다. 이 모든 것이 고양이가 화장실 밖에서 배변하게 만드는 원인이 될 수 있다. 좋은 소식은 이런 문제는 올바른 화장실 관리로 쉽게 해결된다는 것이다.

가장 좋은 화장실

고양이는 배변 중일 때 스스로 취약한 상태에 있다고 여긴다. 위태로운 상황에 처할 가능성이 높기 때문이다. 실제 고양이는 배변 중에 천적이나 다른 고양이에 의해 궁지에 몰리거나 습격당하기 쉽다. 더군다나 고양이의 배변 냄새는 잠재적 먹잇감은 멀리 쫓아버리고 포식자는 오히려 끌어들인다. 따라서 고양이는 갇힐 가능성이 있는 곳에 있고 싶어 하지 않는다.

뚜껑이 덮인 화장실, 캐비닛형 화장실, 벽장 안이나 책상 아래, 샤워실 안에 있는 화장실은 탈출 경로가 별로 없기 때문에 잠재적으로 갇힌 상황을 만든다. 고양이는 아무리 근사하고 깨끗하더라도 탈출 경로가 없는 화장실 대신, 편하게 느껴지는 곳에서 배변을 하려 든다. 소파 위나 거실 한쪽 같은 정말이지 엉뚱한 곳 말이다.

▶ 화장실은 고양이에게 충분히 크고 깊어야 한다.

뚜껑 있는 화장실의 또 다른 문제는 그 안에 냄새가 갇힌다는 것이다. 배변을 볼 때마다 보호자가 바로바로 성실하게 퍼내준다 해도 냄새는 여전히 화장실 안에 또는 캐비닛 안에 남아 있다. 고양이는 후각이 정말 뛰어나다는 것을 기억하자. 우리 인간이 감지하는 것보다 훨씬 더 냄새를 잘 맡는다.

자동 청소 화장실electronic litter box▼이 일부 사람들에게 큰 인기를 끌고 있지만 사실 고양이에게는 별로 인기가 없다. 몇 가지 문제가 있는데, 대개 고양이에 비해 크기가 너무 작고, 고양이가 볼일을 볼 때 깜짝 놀라게 하는 소리가 난다. 게다가 어떤 모델은 갈퀴가 있어서 청결 유지 차원에서 열심히 청소하게끔 기계 장치가 되어 있다. 전자식 자동 화장실을 사용하고 있는데 고양이가 밖에서 배변하는 걸 더 좋아한다면, 구식 화장실과 삽으로 다시 돌아가는 게 좋다.

단순히 뚜껑을 없애는 것만으로는 충분하지 않은 경우도 많다. 시중에서 판매되는 대부분의 고양이 화장실은 성묘들이 쓰기에 크기가 작다. 더군다나 대부분 너무 얕아서 때로 화장실 안보다 밖에 모래가 더 많아지는 결과가 일어난다.

화장실 밖으로 모래가 나가지 않게 도와주는 크고, 깊고, 모서리에 잠금 버튼이 있는 뚜껑 없는 화장실이 시중에 몇 가지 판매되고 있다. 대부분의 성묘에게 완벽한 또 다른 해결안은 뚜껑이 없는 반투명한 약 60~65리터 용량의 리빙박스를 사용하는 것이다. 이 박스는 보통 높이가 약 30센티미터로 웬만해선 모래가 밖으로 나오지 않으며 고양이도 아무 문제없이 쉽게 드나들 수 있다. 게다가 반투명해서 주변을 볼 수도 있기 때문에 필요하다

▼ 자동으로 모래 청소를 해주는 전자식 화장실 - 옮긴이주

면 쉽게 탈출할 수 있어 안정감을 느낀다.

화장실 개수와 위치도 중요하다. 기억하자. 고양이는 궁지에 몰린 느낌을 싫어하므로 외딴 곳에 화장실을 두는 대신 고양이가 전체 방 안, 문 밖 그리고 어쩌면 복도 아래까지 볼 수 있는 곳에 두도록 한다. 그러면 볼일을 보면서 더 안전하게 느낄 것이다. 고양이도 선택할 권리가 있다. 또 집에 있는 고양이 숫자보다 화장실을 하나 더 제공해주는 것이 이상적이다. 즉, 고양이가 세 마리라면 집 안 각기 다른 장소에 네 개의 화장실을 두는 것이 좋다. 작은 집에 산다면 많은 화장실이 필요하지 않을 수 있지만 단층이 아닐 경우에는 층마다 화장실을 하나씩 둔다.

아기 고양이나 특별히 도움이 필요한 고양이는 그들의 상황에 맞는 화장실이 있어야 한다. 아기 고양이는 성묘에 비해 더 작고, 더 낮고, 더 많은 화장실이 필요하다. 관절염이나 나이와 관련된 문제, 또는 다른 신체적 제한 때문에 점프에 문제가 있는 고양이에게는 침대 밑에 넣는 리빙박스 혹은 앞에서 말한 약 60리터짜리 리빙박스를 한쪽 면을 접근이 쉽도록 잘라내어 사용하면 좋다.

▶ 뚜껑 없는 화장실이 화장실 문제를 해결해줄 수 있다. 뚜껑이 없으면 고양이가 잠재적 위험을 예측할 수 있고 비상 탈출 경로에도 선택권이 생긴다.

▶ 크고 반투명한 약 60리터짜리 리빙박스는 대부
분의 성묘에게 완벽한 화장실 문제 해결안이 될
수 있다.
화장실은 3~4주에 한 번씩 모래를 완전히 비운
후 청소하고, 7~8센티미터 정도의 새 모래로 다
시 채워준다.

또, 고양이가 통증이나 트라우마와 화장실을 연관 짓기 때문에 화장실
기피 문제가 생기기도 한다. 예를 들어, 소변을 볼 때 고통이 느껴지는 요로
감염 같은 건강상의 문제가 있을 때 고양이가 이 통증과 화장실을 연관 지
어 생각하는 것이다. 또, 화장실을 사용하던 중 다른 고양이에게 급습을 당
했거나 어떤 소리 때문에 놀랐다거나 하는 트라우마 경험도 화장실 기피 문
제를 일으킬 수 있다. 트라우마나 건강 문제가 해결된 다음에는 고양이에
게 새 화장실을 준 다음 아기 고양이에게 하듯 화장실 소개하기 과정을 거
친다. 통증이나 트라우마가 있는 고양이에게 고양이가 원래 사용하던 것과
다른 종류의 화장실을 주고 모래도 다른 것으로 채워준다. 새 화장실을 원
래 화장실과 함께 한 방에 두되, 고양이가 화장실을 사용할 때 갇힌 느낌을
받지 않을 만한 전략적인 위치에 놓는다. 문제가 해결되고 고양이가 일관
성 있게 새 화장실을 사용할 때까지 원래 화장실을 치우지 않는다.

다른 동물과 마찬가지로 고양이도 화장실이 있는 곳에서 먹는 것을 좋
아하지 않는다. 우리도 화장실에서 저녁을 먹고 싶지 않은 것처럼 말이다.
본능적으로 고양이는 밥 먹는 곳에서 떨어진 곳에 배변을 하는데 그래야 천
적에게 들킬 위험이 적기 때문이다. 현재의 화장실 위치를 확인한 다음 먹
이를 먹는 곳에서 멀리 옮긴다.

화장실 청소는 적어도 하루에 한 번씩

간단하다. 적어도 하루에 한 번은 더러워진 모래를 떠낸다. 더불어 3~4주에 한 번씩은 화장실을 씻고 모래를 모두 버린다. 새로 모래를 깔아줄 때는 7~8센티미터 높이면 충분하다. 새 화장실을 추가할 때는 항상 원래 쓰던 화장실의 모래를 한두 컵 떠서 새 화장실에 넣어준다. 고양이는 일관성을 좋아하기 때문에 기존의 화장실은 원래 위치에 그냥 둔다. 고양이가 새 화장실을 일관되게 사용하게 되면 원래 화장실은 한 번에 하나씩 차츰차츰 없앨수 있다. 모래는 반드시 향이 없는 것이어야 한다. 향이 나는 모래를 싫어하는 고양이들이 많고, 우리가 이 연습을 하는 가장 큰 이유가 고양이가 자기 화장실을 사용하게 만드는 것이므로 고양이 입장에 서서 그들을 행복하게 만들어줘야 한다.

▶ 화장실은 반드시 하루에 적어도 한 번씩은 청소한다.

배변 실수
완벽하게 청소하기

금지된 장소의 배변 자국이 완전히 지워지지 않았다면 고양이는 계속 그곳에 배변을 볼 것이다. 비누와 물만으로는 해결되지 않는다. 우리로서는 별로 냄새가 안 날 수 있지만 고양이의 코는 인간의 코보다 훨씬 더 예민하다.

고양이가 정확히 어디에 오줌을 뿌렸는지 알기 힘들 경우, 반려동물용품점이나 온라인에서 판매하는 좋은 블랙 라이트^{black light}▼가 도움이 된다. 실내의 전등을 모두 끄고 블랙 라이트를 켠다. 고양이의 소변은 블랙 라이트 아래에서 형광빛을 발해 우리가 어딜 청소하면 되는지 알려준다. 또한 고양이의 예민한 코조차도 감지할 수 없을 만큼 완벽하게 청소하기 위해서는 우수한 효소 세제가 필수적이다. 하지만 모든 효소 세제가 효과가 좋은 것은 아니니 가장 성능이 좋은 것을 찾기 위해 조사를 할 필요가 있다. 단, 최고의 효소 세제조차도 천이나 나무 안으로 흡수되어버린 오줌까지는 완벽하게 청소할 수 없다는 것을 염두에 두자. 극단적인 경우지만 이럴 때는 새 매트리스, 소파, 카펫 등으로 덮어버리는 것이 유일한 해결책이다.

▼ 일반적인 조명은 가시광선을 발하지만 이것은 자외선을 발해서 우리 눈으로 볼 수 없는 것을 보게 해준다. - 옮긴이주

동네 고양이가
원인일 때

집 뒷마당을 드나드는 동네 고양이가 우리 집 고양이가 화장실 밖에다 오줌을 뿌리거나 소변을 보게 하는 원인일 수 있다. 이웃집에서 키우는 사랑받는 고양이건 길고양이건은 중요하지 않다. 그들의 존재 자체가 우리 고양이를 기분 나쁘게 만들 수 있다. 우리 고양이가 창가에서 이따금씩 우는 것 외에도 배변이나 오줌을 뿌리는 위치를 보면 화장실 문제가 동네 고양이의 방문 탓인지 쉽게 알 수 있다. 동네 고양이의 방문이 원인이라면 그 침입자에게 가장 가까운 방 주변, 문, 창문에 조준하고 오줌을 뿌릴 것이다.

이 문제를 해결하기 위해서는 먼저 다른 고양이가 마당에 들어오지 못하게 막아야 한다. 도움을 줄 수 있는 많은 종류의 억제물^{deterrent}▼들이 시판되고 있는데, 이 중에는 동물에게 위험한 것도 있고 완벽하게 안전한 것도 있으니 신중하게 선택한다. 사람의 귀에는 안 들리지만 동물에게는 들리는 소리를 내는 도구는 안전한 억제물에 속한다. 땅이나 울타리에 뿌리는 상품도 있다. 레몬도 어느 정도 효과가 있다. 해결법이 많지만 어떤 것이건 간

▼ 고양이의 접근을 막아주는 상품들을 말한다. - 옮긴이주

에 고양이를 다치게 하거나 위험에 빠지게 하지 않는 방법을 사용한다. 만약 마당에서 길고양이들에게 밥을 주고 있다면, 밥그릇을 집 안에서 볼 수 없는 위치에 두는 것도 도움이 된다.

마당을 찾아오는 고양이가 이웃집 고양이라면 그 보호자에게 고양이가 더는 마당에 찾아오지 못하게 집 안에 둘 것을 부탁해본다. 고양이를 1년 365일 집 안에 있게 하면 사고를 당하거나 질병에 걸릴 확률을 극도로 낮추어, 병원비도 낮출 수 있으며 실내 고양이가 외출 고양이에 비해 훨씬 더 오래 산다는 통계를 들려주면서 말이다.

동네 고양이들이 우리 집 마당에 오지 못하게 하는 것만큼, 우리 고양이를 교육하고 환경을 관리하는 것도 중요하다. 먼저, 창문 아랫부분을 두꺼운 종이나 패브릭으로 막는다. 문제가 해결되고 외부 고양이가 더 이상 오지 않게 되면 그때 떼어내도 좋다. 청소도 중요하다. 집 안에 있는 오줌 자국뿐만 아니라 문밖, 창문 밖, 외벽 등에 남겨진 오줌 자국도 철저하게 청소해야 한다. 보통 외부 고양이들은 집 외부에 오줌을 뿌려 자기 명함을 남긴다. 고양이는 뛰어난 후각 덕에 집 안에서도 동네 고양이의 소변 냄새를 맡을 수 있다. 자, 달빛도 없이 캄캄한 밤에 블랙 라이트와 효과 좋은 효소 세제를 들고 밖으로 나가자. 그리고 모퉁이, 벽면, 자동유리문 및 창문 아래를 잘 살펴보자. 고양이가 오줌 뿌리기를 가장 좋아하는 장소들이다.

제대로 관찰하면 해결 방법을 알 수 있다

세이블은 실내에서만 지내는 중성화된 크고 아름다운 수컷 고양이였다. 그는 거실 창에 오줌을 뿌리고 있었다. 창가의 나무 바닥뿐만 아니라 러그도 이미 엉망이 되었다.

상담 신청을 받은 나는 효소 세제를 챙겨들고 현장에 도착했다. 긴 진입로를 걸어가는 동안 나는 아름다운 정원에서 고양이 여러 마리가 맛있는 먹이가 가득 찬 그릇을 하나씩 차지하고 감사히 식사를 즐기고 있는 모습을 발견했다. 그 다음에는 집주인이 커다란 거실 창 너머에서 우아하게 차를 마시며 만찬을 즐기고 있는 길고양이들을 흐뭇하게 바라보고 있는 모습도 봤다. 내가 이 행복한 왕국을 관찰하는 동안, 세이블이 창문 쪽으로 느긋하게 걸어와 밖을 내다보더니 몸을 돌려 꼬리를 창문으로 향한 채 오줌을 뿌렸다. 왜 세이블이 오줌을 뿌리는지 더 이상 조사할 필요도 없었다.

▶ 동네 고양이가 실내 생활을 하는 고양이가 아무데나 오줌을 뿌리거나 화장실을 사용하지 않게 만드는 원인이 될 수 있다.
만약 길고양이에게 밥을 주고 있다면, 집에 살고 있는 고양이가 그들을 볼 수 없도록 집에서 떨어진 곳으로 밥 주는 위치를 옮긴다.

다른 고양이와의
관계가 **원인일 때**

고양이 간의 관계 문제가 부적절한 배변 문제를 일으키기도 한다. 서로 너무 빨리 소개 과정을 거쳤을 수도 있고, 또는 너무 좁은 공간에 너무 많은 고양이가 수직적 영역이 없거나 부족한 상태에서 지내고 있기 때문일 수도 있다. 또는 그저 고양이가 서로 안 좋아하는 것일 수도 있다. 고양이는 때로 자신감이 없을 때 냄새 명함을 남기기도 하고 또는 다른 고양이가 발견해주길 바라며 자기 정보를 남기기도 한다. 보호자의 부적절한 화장실 관리도 큰 영향을 미친다.

집 안의 다른 위치에 깨끗한 화장실이 충분히 있어야 하고, 고양이가 화장실 사용에 안정감을 느낄 수 있는 환경을 만들어주어야 한다. 고양이는 자기 것에 경계선을 긋는 데 매우 능숙하다. 만약 화장실이 어떤 고양이의 특별 영역 안에 있다면 나머지 고양이는 그곳에 무단침입하기 어려울 것이다.

다묘 가정일 경우, 부적절한 화장실 문제를 해결하려면 그 행동 뒤에 숨어있는 원인부터 파악해야 한다. 고양이가 새로 온 고양이와 지내는 데 어려움이 있다면 5장에 나온 것처럼 고양이들을 다시 천천히 소개시켜준다. 6장에서 나온 고양이 간 공격성도 화장실 기피 문제와 관련 깊다.

부적절한 배변 장소에서
좋아하는 활동하기

고양이가 오줌을 뿌리고 화장실을 기피하는 원인이 무엇이거 간에 우수한 효소 세제로 철저하게 청소하는 것은 기본 중의 기본이다. 청소가 끝난 다음에는 그동안 오줌 쌀 과녁으로 삼았던 곳을 더 이상 화장실 또는 오줌 뿌릴 장소로 보지 않도록 그 자리에서 좋아하는 활동을 하게 해 고양이의 경험을 바꾼다. 고양이가 놀이를 좋아하면 한때 소변을 보던 곳 위에서 함께 논다. 또 클리커 트레이닝을 하고 먹이 보상도 주고 빗질도 해주면 한때 오줌을 싸던 곳에 대한 고양이의 인식이 바뀐다. 그 활동이 무엇이든 고양이가 즐거워하는 것이어야 한다. 고양이들 관계에 문제가 있는 경우에는, 한 고양이와 일대일로 집중하는 시간 동안 다른 고양이는 다른 방에 둔다.

고양이의 생각을 바꾸기 위해 스크래칭 기둥과 수평형 스크래처를 부적절한 배변 장소에 두는 것도 방법이다. 고양이는 스크래칭으로 냄새 표시를 하기 때문에 스크래칭 기둥과 수평형 스크래처를 그 자리에 두면 고양이가 영역을 표시하고 다른 고양이에게 자기 정보를 퍼뜨리는 더 적합한 방법을 얻게 되어 더 이상 오줌을 뿌리는 일을 하지 않을 것이다.

화장실 문제와
클리커 트레이닝

다른 제안들과 함께 클리커 트레이닝을 병행하면 부적절한 배변 문제를 없앨 수 있다. 하지만 먼저, 화장실 문제 해결을 위한 클리커 트레이닝 테크닉은 이 책에 나오는 다른 원치 않는 행동 해결에 사용된 일반적인 클리커 트레이닝 접근 방식과는 다르다는 것을 염두에 둬야 한다. 다른 행동 교육에서 클리커 트레이닝은 고양이가 승인된 행동을 하는 순간을 알려주고 보상하는 데 이용된다. 이런 접근법은 화장실 문제에서만큼은 추천되지 않는데, 왜냐하면 고양이가 올바른 화장실을 사용할 때 클릭을 하는 것은 오히려 고양이의 관심을 클릭 소리와 보상으로 옮겨서 하고 있던 일을 방해할 수 있기 때문이다. 사용 가능하긴 하지만 다른 문제들에 비해 더 섬세하고 정교하게 해야 한다. 특히 타이밍이 중요하고 고양이에 따라 또 상황에 따라 가지각색의 결과를 가져올 수도 있다. 보호자가 없을 때는 화장실을 사용하지 않게 되기도 하고, 먹이 보상을 받으려고 화장실 밖으로 뛰어나오게 되기도 한다. 이것은 우리의 목표행동이 아니다.

클리커 트레이닝 테라피

부적절한 배변 문제 해결을 돕기 위한 클리커 트레이닝은 치료와 비슷한 효과를 보인다. 클리커 트레이닝은 안정감을 주고 긴장감을 경감해 고양이의 자신감을 길러준다. 또 높은 안정감과 일관성을 통해 고양이와 보호자 간에 유대감을 형성하고 강화한다.

클리커 트레이닝 테라피는 고양이에게 재미있는 대안 행동을 제공해주기 때문에 화장실을 피하게 하던 상황으로부터 시선을 돌려준다. 고양이 간 관계 문제 때문에 화장실을 피하던 고양이들도 클리커 트레이닝을 통해 전쟁 대상을 다시 보고 서로 간에 긍정적인 경험을 만들 수 있다. 클리커로 공격성을 없애는 방법은 6장에서 상세히 설명했다.

클리커 트레이닝은 스트레스와 긴장감을 줄이는 데 뛰어나고, 화장실 기피 문제는 고양이의 스트레스에서 시작되는 경우가 많으므로 클리커 트레이닝은 화장실 기피 문제를 해결하는 데 필수적이다. 클리커 트레이닝 테라피는 자신감과 안정감을 갖게 해주고 어떤 행동의 원인에서부터 고양이의 관심을 돌려주는 것은 물론, 매일 연습한다면 고양이에게 필요한 일관성도 준다.

▶ 클리커 트레이닝은 고양이가 안전하다고 느끼게 하고 사람과 고양이 간의 유대감을 강화한다.

클리커 트레이닝은 그동안 배변을 하거나 오줌을 뿌리던 장소에 대한 연관을 바꾼다. 그 장소를 좋은 효소 세제로 철저하게 청소한 다음 바로 거기서 재주를 가르치면 고양이가 배변을 하던 장소를 이제 놀고 배우고 먹는 장소로 인식하세 된다.

부적절한 배변 문제는 집 안의 환경 변화 때문에 일어나기도 한다. 새 가구, 리모델링, 스케줄의 변화, 새 가족, 또는 이사가 그 예다. 고양이는 변화로 혼란스러워할 때 화장실 문제가 일어난다는 말이다.

고양이 간 관계 문제를 가진 고양이와 부끄럼 많은 고양이도 클리커 트레이닝의 도움을 받을 수 있다. 클리커 트레이닝은 고양이가 안정감과 자신감을 느끼게 해준다고 했다. 화장실을 기피하거나 오줌을 뿌리게 하는 원인이 생기지 않도록 그들의 자신감과 안정감을 고취시켜주면 된다. 더군다나 매일의 일관성 있는 세션은 고양이를 기대하게 만들고 보호자와의 유대감도 높여준다.

클리커 트레이닝 테라피

클리커 트레이닝은 고양이의
- 자신감과 안정감을 길러준다.
- 그 행동의 원인으로부터 고양이의 관심 방향을 바꿔준다.
- 정신적 자극을 제공해준다.
- 부적절한 배변 장소에 대한 연관을 바꿔준다.
- 고양이에게 대안 행동을 제공해준다.
- 보호자와의 유대감을 형성하고 강화해준다.

마법 같은
클릭은 **없다**

부적절한 배변을 멈춰줄 마법 같은 클릭 비법은 없다. 환경 변화와 관리와 함께 클리커 트레이닝 즉, 일관성 있는 세션과 클리커 트레이닝의 재미 요소가 병행되었을 때만 행동을 수정할 수 있다. 모든 고양이는 다르다. 고양이의 상황과 행동의 원인에 따라 다르지만 상호작용이 모두에게 재미있다면, 우리가 고양이에게 가르치는 재주가 무엇인지는 대개 중요하지 않다.

소파나 갓 빨아놓은 세탁물 위에서 볼일을 보는 고양이는 정말 좌절감을 들게 한다. 인내심이 한계에 달했다면 고양이 행동문제 전문가에게 상담과 도움을 청하자. 공인 고양이행동컨설턴트와 수의행동학자가 고양이가 화장실 대신 다른 곳에 오줌을 뿌리는 이유를 밝히고 그 문제를 해결하도록 도와줄 것이다.

▶ 부적절한 배변은 식구
모두에게 좌절감을 준다.

사례연구 : 부적절한 배변 문제

상황

두 살 된 큰 장모종 암컷, 안나는 화장실 밖에서 소변을 봤고 종종 대변도 봤다. 소변보길 좋아하는 장소는 집 안에 있는 욕조 뒤나 안이었다. 안나와 안나의 친구, 세 살 된 솜털북숭이 암컷 탈리아는 뚜껑이 있는 작은 화장실들을 함께 사용했었다. 화장실 중 하나는 2층 욕실 벽장 안에 있었고 또 하나는 아래층 화장실 샤워 부스 안에 있었다. 두 고양이 모두 사랑받으며 온 집안 식구들의 관심과 관리를 받고 있었다. 규칙적으로 미용사에게 미용을 받았고 두 어린 딸들이 매일 빗질을 해 털도 보송보송했다.

가족은 큰 3층집에 살고 있었는데, 그해 초, 집을 리모델링하고 확장하는 동안 임시로 다른 곳에서 보냈다. 새로 리모델링된 집에 돌아온 직후부터 안나는 욕조 안에 소변을 보기 시작했다.

평가

부적절한 화장실 위치, 충분하지 않은 화장실 개수, 너무 작은 크기의 화장실, 그리고 리모델링의 스트레스가 한데 합쳐져 부적절한 배변 문제를 만들었다. 안나는 리모델링 이후 일어난 환경 변화에 불안정감을 느끼고 있었고, 이 불안정감은 화장실이 다른 탈출 경로가 없는 곳에 있다는 것 그리고 너무 작다는 것으로 인해 더 악화되었다.

추천

나는 화장실을 제대로 관리하고, 우수한 효소 세제로 철저하게 청소하고, 먹이를 주고 놀아주고 클리커 트레이닝을 하는 일관된 스케줄을 짜는 등 이 모두를 병행할 것을 추천했다. 뚜껑 없는 반투명의 큰 리빙박스 세 개를 탈출 경로가 좋은 위치에 놓았다. 하나는 거실과 부엌을 한눈에 볼 수 있는 위치에 놓았고 또 하나는 고양이가 침대 입구와 복도를 다 볼 수 있는 2층에, 나머지는 안나가 가장 큰 화장실 문제를 보였던 욕실에 놓았다. 원래의 화장실도 그 자리에 임시로 계속 놔뒀다.

온 가족이 안나 화장실 문제 해결에 참여했다. 두 어린 딸은 낚싯대 장난감을 사용해 두 마리 고양이와 놀아줬다. 놀이 장소는 욕실의 부적절한 배변 장소로 확장됐다. 또 안나에게 신호에 따라 앉기, 악수하기를 클리커 트레이닝으로 가르쳤다.

가족은 안나를 규칙적인 스케줄로 대했다. 매일 똑같은 시간에 먹이를 주고, 매일 밤마다 빗질을 해줬고 계획에 맞춰 놀이와 클리커 트레이닝을 했다. 관심과 더불어 일관성 있는 스케줄은 안나가 더 안정감을 느끼고 최근 일어난 환경 변화를 편하게 받아들이게 도왔다. 시간도 걸렸고 계속 일관성도 유지해야 했지만 안나는 차츰 욕조를 화장실로 사용하길 그만뒀고 새로 제공된 화장실을 사용하는 상태로 돌아갔다.

재주 가르치기

재주 가르치기

모두가 즐거워야 한다

악수하고 막대기를 뛰어넘고 그 외의 재주를 부리는 고양이의 모습은 아주 인상적이다. 고양이도 충분히 교육이 가능하다는 사실을 세상에 알릴 수 있다는 만족감 외에도 고양이에게 재주를 가르치는 것은 고양이의 자신감을 키우고, 문제행동에서 재주로 관심을 돌리게 하고, 정신적 자극을 주고, 보호자와 고양이 간의 유대감을 형성하고 강화하는 것을 돕는다. 고양이가 배울 수 있는 재주는 다양하다. 창의력을 가지고 즐기되, 고양이에게 자연스러운 행동 범위 내에서 할 수 있는 재주를 가르친다. 예를 들어, 고양이는 점프하고 타고 오른다. 즉, 이들에게 막대기를 뛰어넘고 사다리를 오르는 것은 자연스러운 범위의 재주다. 또 고양이는 털썩 드러눕는다. 즉 고양이에게 시각 신호 또는(그리고) 음성 신호로 죽은 척하거나 엎드리기를 가르치는 것도 이에 속한다.

자연스러운 행동에 속하지 않는 재주는 가르치지 않는다. 예를 들어, 고양이는 줄이나 철사 위를 걷지 않는다. 또 예민한 코 위에 물건을 올려놓고 균형을 잡는 것도 하지 않는다. 이런 행동은 고양이가 하기도 어려울뿐더러 스트레스를 주는 일이기도 하다. 고양이에게 재주를 가르칠 때는 항상 첫 번째 규칙을 기억하자. 모두에게 재미있어야 한다. 특히 고양이에게 말이다.

또, 고양이에게 가르칠 재주가 어떤 결과를 가져올지 미리 생각해본다. 고양이에게 전등 스위치 껐다 켜기, 서랍 열기, 변기 물 내리기를 가르칠 수 있긴 하지만 그다음

일어날 일을 상상해보자. 고양이는 자기가 새로 발견한 재능에 열광하기 쉽다. 낮에 우리가 집을 비운 사이나 모두가 잠든 한밤중에 고양이가 계속 불을 켠다면? 끊임없이 변기 물을 내려 수도세가 엄청나게 나온다면? 즉, 고양이가 예상치 못한 순간에 배운 재주를 부리더라도 상관없는 것을 가르쳐야 한다.

재주를 가르치기에 앞서 고양이가 클리커 트레이닝의 기본을 이해하고 있어야 한다. 다른 행동 위에 만들어지는 재주들이 많기 때문에 고양이는 신호에 따라 스툴 위에 앉기, 기다리기 같은 클리커 트레이닝으로 배운 다른 행동도 알 필요가 있다.

재주 가르치기 도구 상자

- 1차 강화물 : 먹이
- 2차 강화물 : 클리커
- 타깃 막대기 : 연필이나 젓가락
- 스툴
- 막대기와 후프
- 장난감

악수
하기

악수하기는 재미있고도 인상적인 재주다. 손을 뻗으며 고양이에게 걸어가 앞발을 내밀게 만들 수 있는 사람은 많지 않다. 가르치기 재미있는 재주지만, 성공적으로 하게 되려면 몇 번의 세션이 필요하다. 먼저 고양이가 신호에 따라 앉기를 할 수 있어야 한다(앉는 법은 2장에서 자세히 설명된다).

악수하기를 가르칠 때는 몇 가지 클리커 트레이닝 테크닉이 필요하다. '앉아'를 신호한 다음 고양이를 지켜보자. 만약 고양이가 자기 오른쪽 앞발을 올리는 순간이 오면 클릭 소리로 그 움직임을 포착한 다음 즉시 먹이를 준다. 클리커 용어로 이것을 '행동포착하기capturing behavior'라고 한다. 신호나 유인하기 없이 자연스럽게 일어나는 행동을 강화하는 방법이다.

고양이가 앞발을 들어올릴 때마다 클릭하고 먹이를 준다. 우리 오른쪽 손바닥을 위로 향하게 한 채 고양이의 오른쪽 앞발(우리가 볼 때는 왼쪽 앞발) 쪽으로 뻗는 것으로 시각 신호를 추가한다. 고양이가 배움에 얼마나 열성적이냐에 따라 다르지만, 고양이가 앞발을 올리면 클릭 소리와 보상을 받는다는 것을 이해할 때까지 몇 번 더 반복이 필요하다.

'행동형성하기shaping behavior'는 또 다른 효과적인 클리커 트레이닝 테크닉이다. 행동을 다듬어나가는 것, 즉 형성해나가는 것은 더 정교한 테크닉인데, 목표행동에 가까워지는 움직임들을 작게 쪼개서 단계별로 클릭하고 먹이 보상을 주는 것이다. 처음에는 앞발을 들기 위한 준비 차원으로 고양이가 몸무게를 이동하는 것 또는 앞발을 살짝 올리는 것 같은 아주 작은 행동부터 시작한다. 고양이가 여전히 앉아있는 상태에서 앞발을 올리거나 무게중심을 이동하는 순간에 클릭으로 그 이벤트를 표시해주고 그런 다음 먹이 보상을 준다. 연속적으로 움직임이 악수하기에 더 가까워질 때마다 클릭하고 보상한다. 고양이가 우리가 원하는 수준으로 앞발을 올릴 때까지 반복과 기다림이 필요하다.

참을성을 가지고 단계별로 쪼개 목표행동을 만들어나간다. 고양이 앞발을 향해 손바닥을 뻗는 시각 신호를 잊지 말자. 악수는 우리 오른손과 고양이 오른쪽 앞발이 하는 것이니 고양이가 오른쪽 앞발을 움직일 때만 클릭하고 보상한다는 것을 기억하자. 고양이가 왼쪽 앞발을 움직이거나 또는

아무것도 움직이지 않는다면 클릭도 보상도 없다.

또, 처음에 우리 오른손으로 고양이 오른쪽 앞발을 건드려 고양이가 발을 올리게 유인하는 법을 쓸 수도 있다. 보통의 고양이라면 발을 올리는 반응을 보일 것이다. 아주 살짝만 앞발을 위로 움직여도 그 순간 클릭을 해서 행동형성을 시작할 필요가 있다. 이때도 우리 손을 뻗는

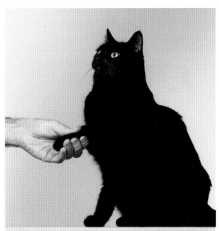

▶ 악수하는 법을 가르치기 전에 신호에 따라 앉아있는 것부터 배워야 한다. 고양이가 열 번 중 여덟 번 악수를 하게 된 다음에는 음성 신호를 덧붙인다. 악수를 하기 위해 고양이에게 손을 주면서 "악수."라고 말한다.

것이 악수하기의 신호가 될 수 있다.

악수하기를 가르치기 위해 사용하는 방법이 무엇이건, 시각 신호는 고양이의 오른쪽 앞발을 향해 오른쪽 손바닥을 뻗는 것이어야 한다. 우리 손에 올리기 위해 고양이가 앞발을 올릴 때 클릭과 먹이 보상을 준다. 열 번 중 여덟 번을 연이어 올바르게 한 다음에는 고양이 앞발을 향해 우리 손을 뻗을 때 '악수' 같은 음성 신호를 덧붙인다.

엉성하게 대충대충 하면서 고양이가 돌아다니거나 또는 일어서있는 동안 발을 올릴 때 우연히라도 클릭을 하면 안 된다. 고양이를 트레이닝하다 보면 쉽게 흥분하게 되어 완벽한 앞발 움직임에 클릭하는 것은 잘하면서도, 고양이가 우리 손에 자기 앞발을 올릴 때는 앉아있어야 한다는 사실을 잊을 때가 있다.

모든 고양이는 다르기 때문에 각자의 학습 속도가 있다. 고양이가 발전이 없고 우리가 요구하는 것을 이해하지 못한다면 우리가 쓰고 있는 방법을 점검해본다. 새 행동을 가르치기 위해 행동형성하기를 할 때는 아주 작은 단계로 쪼갤 필요가 있는데 그렇지 못했을 수 있다. 또는 클릭을 너무 늦게 또는 너무 빨리 하고 있을 수도 있다. 먹이가 충분히 동기부여가 안 되는 것일 수도 있고 고양이에게 클리커를 눌러주는 것이 너무 불규칙하거나 목표 행동을 향해 행동형성하기를 제대로 못하고 있을 수도 있다.

나이 많은 고양이도 재주를 배울 수 있다

마울리는 열다섯 살 된 벵골 고양이로 나는 그녀가 열두 살 때 처음 클리커 트레이닝을 하기 시작했다. 마울리는 클리커 트레이닝을 정말 좋아한다. 저녁 먹기 전, 그리고 점심때마다 매일매일 마울리는 클리커 트레이닝 수업을 기다리면서 자기가 좋아하는 스툴에 앉아있는다. 마울리가 가장 좋아하는 재주 및 행동은 앉기, 기다리기, 내 열쇠 찾아오기다. 클리커 트레이닝은 마울리를 젊고 활기 넘치게 해준다. 마울리는 정말 똑똑하고 즉시 새 행동을 배운다. 그러니 나이 많은 고양이도 충분히 재주를 가르칠 수 있다.

▶ 악수하기라는 목표행동에 더 가까워지는 단계별 작은 움직임들을 클릭하고 먹이 보상을 준다.

하이파이브
가르치기

▶ 악수하는 법을 알았으니 신호에 따라 하이파이브를 가르치기는 쉽다.

악수를 가르쳤다면 하이파이브도 가르치기 쉽다. 악수하기 위해 손을 낮게 내리는 대신 손을 높게 들고 고양이가 우리 손에 자기 앞발을 댔을 때 클릭하고 먹이 보상을 준다. 아주 작게 쪼갠 행동형성하기 테크닉을 사용하면서 차츰 손을 하이파이브 위치까지 올린다. 고양이가 앞발을 우리 손에 댈 때마다 클릭하고 보상을 주면서 말이다. 고양이가 발을 우리 손에 대지 않으면 클릭하지 않는다. 그 대신 고양이가 편안하게 했던 단계로 되돌아가서 더 천천히 다시 시작한다. 트레이닝 세션은 더 짧게 하면서 하루 동안 하는 짧은 세션의 수를 늘리면 더 효과가 좋다.

고양이가 앞발을 우리 손에 열 번 중 여덟 번을 연이어 대면 '하이파이브' 같은 음성 신호를 덧붙인다. 사용하는 단어가 무엇이든 중간에 바꾸지 않는다. 일관성이 중요하다는 것을 기억하자. 창의력을 발휘해 독특한 단어를 사용하면 보는 사람들을 더 즐겁게 할 수 있다.

막대 점프
가르치기

먼저 올바른 소품부터 준비하는데 평범한 막대기만 있으면 된다. 지름 2~5센티미터의 적당한 굵기의 나무 막대기도 좋고 속이 빈 마분지 튜브도 좋다. '준비행동'부터 만들면 좋은데 앉아있는 상태에서 막대 점프하기 재주를 시작하는 것이 일반적이다. 시작은 단순하다. 우선, 고양이에게 앉으라고 신호한 다음, 고양이가 걸어서 넘을 수 있도록 바닥에 막대기를 내려놓는다. 고양이가 막대기를 걸어서 넘으면 클릭을 해서 그 행동을 포착하고 즉시 먹이 보상을 준다. 고양이가 막대기를 넘지 않으면 타깃으로 막대기 건너편을 툭 친다. 이쯤 되면 고양이는 이미 완벽한 타깃 트레이닝이 돼있을 테니 타깃을 향해 막대기를 넘어갈 것이다. 고양이가 막대기를 넘자마자 클릭을 하고 먹이 보상을 주되, 막대기 건너편에 먹이 보상을 던진다.

타깃 막대가 신호가 아니기 때문에 고양이가 타깃을 건드리게 두지 않는다. 타깃은 빨리 시작하게 만드는 용도, 즉 유인용일 뿐이므로 몇 차례 반복한 다음에는 치운다. 고양이가 보상을 먹고 있는 동안 그 행동을 리셋할 수 있도록 막대기를 집어 올리고, 고양이가 보상을 다 먹으면 막대기를 바닥에 내려놓아서 다시 막대기를 넘으라는 신호를 준다. 우리가 고양이 앞에 막대를 내려놓는 것으로 신호를 줄 때마다 고양이가 성공적으로 반복해서 막대기를 걸어서 지나가게 되면 다음 단계를 준비한다. 고양이가 막대기를 넘을 때마다 클릭을 하고 먹이 보상을 주는 것을 잊지 말자.

다음 단계는 막대기를 바닥에서 1센티미터 위에 들고 있는 것이다. 막대기는 고양이를 행동하게 만드는 시각 신호다. 고양이가 살짝 올라간 막대기를 걸어서 넘자마자, 즉 그 행동이 끝나자마자 클릭과 먹이 보상을 준다. 고양이가 먹이 보상을 먹고 있는 동안 리셋할 수 있도록 고양이 눈앞에서 막대기를 잠시 치운다. 고양이가 살짝 올라간 막대기를 지나가지 않는다면 막대기를 다시 바닥에 두고 처음부터 시작한다. 3장에서 나왔던 '300번 쪼는 비둘기' 방법을 기억하면서 말이다.

막대기를 걸어서 넘는 기본 단계를 계속 연습한다. 고양이 앞에 막대기를 내려놓는 것이 하라는 시각 신호다. 고양이가 성공적으로 낮은 높이를 걷거나 뛰어서 넘으면 아주 조금씩 막대기 위치를 높인다. 고양이가 점프를 마친 후에 클릭하고 먹이 보상을 주면서 말이다.

결국, 막대기는 그 위로 뛰어넘기보다는 아래로 지나가기가 더 쉬울 만한 높이에 이를 것이다. 고양이가 막대기 아래 낮은 길로 가는 것을 선택해도 낙담하지 않는다. 사실 뛰어넘는 것보다 막대 아래로 걷는 것이 더 쉬울 테니 말이다. 다만 이런 일이 생긴다면 클릭도 보상도 주지 않는다. 그 대신 막대기를 고양이가 일관성 있게 뛰어넘던 높이로 내려서 다시 시작하고 천천히 높이를 올려나간다. 마침내 일관성 있게 우리가 원하는 높이의 막대기를 뛰어넘을 때까지 말이다.

연이어 열 번 중 여덟 번을 성공한 다음에만 음성 신호 '점프'를 덧붙인다. 막대기를 일정 위치에 들고 있는 것으로 시각 신호를 줄 때에 맞춰서 "점프."라고 말한다. 고양이가 막대기를 뛰어넘은 후에 클릭하고 먹이를 준다는 것도 기억한다.

막대 점프를 가르치는 데는 아마 며칠 또는 심지어 몇 주 동안 세션을 여러 번씩 해야 할 수도 있다. 결과는 고양이, 보호자의 테크닉, 클리커 트레이닝 스케줄에 따라 달라진다.

고양이의 한계를 염두에 두자. 어떤 고양이는 점프 선수여서 높은 점프를 즐기지만 또 다른 고양이는 어쩌면 늙어서 높이 뛰는 게 귀찮을 수도 있고, 또 어떤 고양이는 보호자 품에 파고들기 위해 소파로 뛰는 것 외의 다른 높이뛰기에는 관심이 없을 수도 있다. 고양이에게 합리적인 높이만 뛰게 한다.

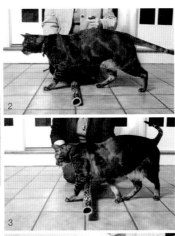

1. 막대기를 뛰어넘기 전에 앉기를 시킨다.

2. 고양이가 막대기를 넘어갈 때 클릭하고 먹이 보상을 준다. 이 단계에서 막대기는 바닥에 놓여있다.

3. 조금씩 막대기를 올린다. 바닥에서 약 1센티미터 정도 높이로 막대기를 올린 상태부터 시작한다.

4. 모든 고양이는 다르다. 몇 번의 세션 만에 막대 점프하기 재주를 배우는 고양이도 있고 몇 주간 세션을 계속해야 할 수도 있다.

후프
뛰어넘기

이제 고양이는 막대 점프 재주를 할 수 있으니, 창의력을 발휘해 행동을 연결하고 소품을 대체할 수 있다. 예를 들어, 막대기 대신 후프를 통과해 뛰게 해보자.

소품 대체 외에도 행동은 서로 연결될 수 있다. 클리커 트레이닝에서 이것을 '행동연결하기chaining behavior'라고 부른다. 이미 앉기를 배운 고양이를 스툴 위에 앉게 한 다음, 가운데 있는 후프를 뛰어넘어 건너편 스툴에 착지한 뒤 마무리행동으로 다시 앉게 하는 것을 가르쳐보자. 처음에는 후프 없이 두 스툴 사이를 약 30~40센티미터 정도 떼어놓고 시작한다. 첫 번째 스툴 위에 앉으라고 신호하고 고양이가 앉으면 클릭으로 표시하고 먹이 보상을 준다. 여러 가지 행동이 연결된 재주를 할 때는 준비행동도 마무리행동도 앉기로 하면 절도 있고 근사해 보인다. 고양이가 앉은 다음에 '점프' 음성 신호를 사용한다. 고양이가 두 번째 스툴에 착지하자마자 클릭한 다음 스툴 위에 먹이 보상을 준다. 또는 건너편 스툴 위를 타깃으로 두드려 '점프'라는 시각 신호를 보낼 필요도 있다. 점프에 성공하면 다시 앉으라고 신호하고 클릭하고 먹이 보상을 준다. 다시 반복한다. 이 단계에서는 아직 스툴 사이에 후프를 놓지 않는다.

▶ 후프 뛰어넘기 재주의 시작행동과 마무리행동을 앉기로 하는 것과 같이 여러 행동을 연결해서 가르칠 수 있다.

고양이가 열 번 중 여덟 번을 성공적으로 앉고, 점프하고, 다시 앉는 연속 과정을 해내면 클릭과 먹이 보상을 주는 순간을 바꾼다. 먼저 앉으라고 신호한다. 고양이가 앉아도 클릭도 먹이 보상도 주지 않는다. 대신 고양이가 앉으면 즉시 점프 신호를 준다. 또 고양이가 우리가 요청한 대로 점프를 했더라도 클릭하고 먹이 보상을 주지 않는다. 그 대신, 두 번째 스툴에 착지하면 바로 앉으라고 신호하고 그때 고양이가 마지막 '앉기'를 하면 바로 클릭하고 먹이 보상을 준다. 클릭 소리는 행동이 끝났음을 나타내므로 고양이가 '앉기, 뛰기, 다시 앉기'라는 전체 연속 과정을 끝마친 후에만 클릭을 한다.

세션을 몇 번은 해야 이 세 가지 행동을 성공적으로 연결할 수 있다. 고양이가 전체 연속 과정을 마치는 데 문제가 있다면 처음 두 행동만 연결한다. 즉, 고양이가 점프를 한 후 클릭하고 먹이 보상을 준다. 그런 다음 마지막 앉기 신호를 주고, 올바르게 해내면 클릭하고 먹이 보상을 준다. 고양이가 그 별개의 행동에 능숙해지면, 세 가지 행동을 연결해서 성공적으로 마친 다음에만 클릭하고 먹이 보상을 주기 시작한다. 이제 드디어 후프를 추가할 수 있다.

▶ 행동연결하기에서 마지막 '앉아'를 하고 나면 클릭하
고 먹이 보상을 준다. 이 클릭은 연결된 전체 행동에
해당되는 것이다.

▶ 고양이가 후프를 쉽게 통과해 뛰어넘게 되면 차츰
스툴 사이의 거리를 늘린다.

　다른 스툴로 점프하려면 후프를 통과할 수밖에 없도록 스툴 사이에 후
프를 쥐고 있다. 고양이가 이 행동을 편안해하고 열 번 중 여덟 번을 연속
해서 올바르게 하게 되면 차츰 스툴 사이의 거리를 늘린다. 그렇다고 스툴
을 너무 많이 떼어놓으면 안 된다. 재주를 가르칠 때는 반드시 고양이의 안
전이 최우선이다.

　전체 연속 과정을 성공적으로 마치면, 마지막 행동을 한 다음에 클릭하
고 별도의 맛있는 먹이를 준다. 다음은 후프 뛰어넘기의 행동연결하기 개
요다.

　　1. 첫 번째 스툴에 앉기

　　2. 후프를 통과해 다른 스툴로 점프하기

　　3. 두 번째 스툴에 앉기

장난감
물어오기

고양이에게 물어오기를 가르치기란 어려울 수 있다. 어떤 고양이는 타고난 물어오기 선수고 우리 도움 없이도 물고 오기 게임을 한다. 또 어떤 고양이는 클리커 트레이닝을 통해 행동을 형성하고 연결하는 과정이 필요하다. 물고 오기 세션은 고양이가 일에 더 동기부여될 때인 식사 시간 전에 갖는 것이 가장 효과가 좋다. 고양이가 우리가 던진 장난감을 당장 쫓아가지 않는다 해도 괜찮다. 첫 번째 규칙을 기억하자. 클리커 트레이닝은 고양이에게도 우리에게도 재미있는 것이어야 한다.

장난감을 입에 물고 다니는 일이 전혀 없는 고양이라면 아마도 물고 오기를 싫어하는 것이다. 이럴 때는 행동을 잘게 쪼개서 강화하는 것으로 물고 오기를 가르칠 수 있다. 우선, 고양이가 열심히 옮길 만한 적당한 장난감을 찾는다. 장난감을 고양이 쪽으로 던진 다음 고양이가 어떤 장난감을 더 좋아하는지 반응을 살핀다. 유난히 더 좋아하는 장난감이 있다면 항상 그 장난감을 물고 오기 트레이닝에 사용한다. 장난감에 별 관심을 보이지 않는다면 입에 편안히 물 수 있되 삼킬 수는 없는 부드러운 장난감을 준다. 장난감에 고양이가 좋아하는 참치나 그 외의 풍미 좋은 뭔가의 즙을 문질러두는 편법을 쓸 수도 있다.

▶ 고양이에게 물어오기를 가르치기 가장 좋은 때는 자기가 좋아하는 먹이를 위해 열정적으로 '알' 하는 식사 시간 직전이다.

장난감을 고양이 눈높이로 고양이를 지나쳐 살짝 뒤로 던져서 물고 오기 재주에 시동을 건다. 고양이는 자연스럽게 장난감을 눈으로 본 뒤 쫓을 것이다. 장난감에 참치 즙 등을 발라뒀다면 장난감을 쫓아가는 데 더 강한 동기부여가 될 테고 입으로 물 것이다.

어떤 고양이는 장난감을 물고 우리한테 올 것이고 어떤 고양이는 냄새만 맡을 것이고 또 다른 녀석들은 장난감을 자기 입에 넣고만 있을 것이다. 고양이가 장난감으로 뭘 하든 간에 그게 우리가 시작할 지점이다. 처음에는 냄새만 맡아도 클릭하고 보상을 준다. 물고 있어도 클릭하고 보상한다. 또 장난감을 물고 우리 쪽으로 와도 역시 클릭하고 먹이 보상을 준다.

이렇게 장난감과 상호작용하는 것에 대해 클릭하고 보상을 준 다음에는 장난감을 집어든다. 고양이가 보상을 다 먹기를 기다린 다음 처음 했던 방식대로 장난감을 던진다. 고양이가 장난감을 입으로 건드리기만 해도 클릭하고 보상을 준다. 최종적으로 장난감을 물어 올리는 행동에 이르기까지 아주 작은 단계들을 매번 클릭하고 보상한다. 고양이가 열심히 장난감을 물어 올린다면 이제는 우리한테 걸어오고 있는 동안 입에 장난감을 물고 있는 시간을 늘려나간다. 고양이가 장난감을 물어 올린 후 0.5초 또는 1초를 기다렸다가 클릭과 보상을 해준다. 고양이가 입에 장난감을 물고 있는 동안 말이다. 장난감을 물고 있는 동안 우리 쪽으로 움직인다면 클릭하고 보상을 준다.

타깃 막대기를 이용해 우리 쪽으로 오게 유인할 수도 있다. 단, 타깃으로 유인하는 것은 고양이가 그 행동을 이해하자마자 그만둬야 한다. 고양이가 타깃이 우리한테 장난감을 가져오라는 신호라고 생각하게 만들어서는 안 되기 때문이다. 만약 장난감을 떨어뜨린 채 우리한테 돌아온다면 클릭도 보상도 없다. 고양이가 우리 쪽으로 움직이고 있는 동안, 그리고 입에 장난감을 물고 있을 때만 클릭하고 보상한다.

참을성을 갖자. 고양이가 당장 못하는 게 당연하다. 고양이가 잘 따라오지 못하면 고양이가 올바르게 했던 단계, 편안해했던 단계에서 다시 시작한다. 고양이가 이해하게 될 때까지 세션이 더 많이 필요할 수 있다. 짤막한 세션을 수차례 가지는 것이 학습 효과가 좋다는 것을 기억하자. 또, 고양이가 더 이상 일하는 데 동기부여가 안 될 정도로 이미 많은 먹이 보상을 받았을 수도 있다. 창가에서 늘어지게 한숨 자는 게 더 간절할 만큼 말이다. 그래도 괜찮다. 그동안 열심히 '일'을 했으니 쉴 자격이 충분하다. 나중에 또는 다음날 세션을 계속하면 된다.

고양이가 입에 장난감을 물고 오면, 손으로 장난감을 건드린 다음 즉시

일하기 위한 최고의 장난감

물고 오기 좋은 물건은 고양이가 입에 물기 쉽고 편한 것이다. 안전하고 깨지지 않고 삼키거나 씹어서 조각나지 않는 것이어야 한다. 소프트볼이나 고양이 전용 장난감을 사용하는 것이 좋다. 고양이는 물어오기를 하려고 가끔씩 자기 장난감을 집어들 때가 있다. 나의 사바나 고양이, 수단은 바나나 인형으로 물고 오기 하는 것을 좋아한다. 작은 벵골 고양이, 올리비아는 작은 쥐 인형 몇 개를 좋아하고, 마울리는 매듭 장난감을 좋아한다. 모든 고양이는 다르고 개체별로 선호도도 다르다. 고양이는 우리가 던져준 것 중 자기가 좋아하는 것을 골라 가져올 것이다.

클리하고 보상을 준다. 고양이는 보상을 먹기 위해 장난감을 떨어뜨릴 것이다. 고양이가 장난감을 내려놓으면 집어든다. 이번에는 조금 더 멀리 던진다. 장난감을 던지는 거리 그리고 우리한테 가지고 돌아와야 하는 거리를 차츰 늘려나간다. 늘 그렇듯 어떤 행동을 고양이가 이해한 다음에만 음성 신호를 덧붙인다. 고양이에게 장난감을 던지면서 "가져와."라고 말한다. 연습만 하면 누구나 물고 오기의 왕이 될 수 있다.

고양이에게 가르칠 수 있는 복잡하고 재미있는 재주는 많다. 상상력을 발휘해 재주를 재미있는 음성 신호나 소품과 짝짓자. 단, 언제나 제1원칙을 기억해야 한다. 항상 모두에게 즐거운 것이어야만 한다. 보호자도, 보는 사람도, 특히 고양이도 말이다.

▶ 고양이가 우리를 향해 걸어오는 동안 고양이가 장난감을 물고 있는 시간을 늘려나간다. 또한 고양이가 장난감을 가지고 돌아오는 거리도 차츰 늘려나간다.

물고 오기

내 사바나 고양이, 수단은 물어오기 놀이를 좋아한다. 몇 시간이고 할 기세다. 사실 가르친 적이 없는 타고난 물어오기 선수다. 어느 날 수단이 자기가 좋아하는 바나나 인형을 내게 가져왔다. 나는 평소에 물고 오기를 하는 고양이가 멋지다고 생각하고 있었기 때문에 그 행동을 클릭 소리로 포착한 다음 먹이 보상을 줬고, 수단이 자기 바나나 인형을 내게 가져올 때마다 그 행동을 강화했다. 수단은 관심도 좋아하고 물어오기도 좋아하기 때문에 게임은 그 자체로 보상이 되었다. 수단은 나와 물어오기 게임을 할 기회를 놓치지 않으려 한다. 내가 이 책을 쓰느라 컴퓨터 앞에 앉아있을 때건 아침을 먹을 때건 상관없다. 수단은 기어코 나를 찾아내 내가 알아차릴 수밖에 없는 곳에 자기 바나나 인형을 떨어뜨린다. 오늘 아침, 수단은 내 커피 잔 속에 바나나를 떨어뜨렸다.

부르면 오기 vs 귀여운 행동 포착하기

부르면 오기는 비상시 위기를 모면하게 해주는 중요한 신호인데 식사 시간을 활용하면 제일 가르치기 쉽다. 항상 일관성 있는 단어를 사용해 식사 시간을 알린다. 이름을 부르거나 '이리 와' 같은 음성 신호를 주거나 딱딱한 표면을 두 번 탁탁 친다. 캔 사료 따는 소리를 듣고는 자다가도 달려오는 고양이를 떠올려보면 된다. 단, 그동안 효과가 없었던 신호가 아닌 새로운 신호를 사용한다. 그리고 차츰차츰 식사 시간이 아닐 때도 같은 단어로 부른 뒤 즉각 오면 클릭하고 먹이 보상을 준다. 그 외에도 고양이가 뭔가 귀여운 행동을 하는 순간을 포착해서 클릭하고 신호를 붙여주면 된다. 뒹굴기, 옆으로 뛰어오르기, 꼬리 쫓기, 앞발로 세수하기 등 고양이가 평소 하는 행동을, 그 순간 사진 찍는다는 느낌으로 정확하게 클리커를 누르고 먹이 보상도 준다. 고양이는 클릭을 받은 행동을 더 자주 할 것이다. 정확하게 그 행동을 배웠다 싶으면 재미있는 음성 신호를 덧붙이면 된다. - 옮긴이주

클리커 트레이닝의 역사

클리커 트레이닝 및 긍정적 트레이닝 혁명을 일으킨 근간 역사와 과학은 매우 인상적이다. 클리커 트레이닝의 기술과 과학은 고정적이지 않고 지금 이 순간에도 계속 진화하고 있다.

1930년대	B. F. 스키너가 조작적 조건형성과 조작적 행동의 원리를 발견한다.
1935년	스키너가 동물 트레이닝에 조작적 조건형성을 실제 응용할 수 있다는 것을 알아낸다.
1938-1943년	마리안 브릴랜드와 켈러 브릴랜드가 스키너의 첫 번째 대학원생이자 연구 조교로 일한다.
1942-1943년	브릴랜드 부부가 2차 세계대전 동안 스키너가 폭탄을 유도하도록 비둘기를 트레이닝하는 것을 돕는다.
1943년	브릴랜드 부부가 스키너의 조작적 조건형성 원리에 기초해 동물 트레이닝 사업인, 동물 행동 기업을 설립한다.
1943-1944년	브릴랜드 부부가 부딪히면 '딱' 소리가 나는 파티 용품(파티 클리커)을 2차 강화물로 사용한다.
1947년	마리안 브릴랜드가 첫 번째 조작적 조건형성 매뉴얼을 작성한다.
1950년대	브릴랜드 부부가 클리커와 먹이 전달 시스템이 함께 포함된 첫 번째 개-트레이닝 훈련법을 만든다.
1955년	브릴랜드 부부가 알칸사스 주에 IQ Zoo를 오픈하고, 조작적 조건형성을 통해 트레이닝된 동물들을 전시한다.
1950년대-1960년대	해양 동물 및 조류 트레이너들이 조작적 조건형성 트레이닝 테크닉을 사용하기 시작한다.
1955년	브릴랜드 부부가 처음으로 돌고래 트레이닝 매뉴얼을 쓴다.
1962년	미 해군이 브릴랜드 부부를 트레이너 교육을 위해 고용한다. 그 트레이너 중에 밥 베일리Bob Bailey도 포함되었다.

1963년	카렌 프라이어가 조작적 조건형성 방법을 사용해 하와이의 해양 동물 공원에서 돌고래를 트레이닝하기 시작한다.
1964년	미 해군의 첫 트레이닝 디렉터인 밥 베일리가 처음으로 해군을 위해 돌고래를 트레이닝한다.
1965년	밥 베일리가 동물 행동 기업에 연구 디렉터로 영입된다. 후에 제너럴 매니저가 된다.
1971년	카렌 프라이어가 해양 동물 공원을 나와 돌고래 행동 프로젝트를 컨설팅하며 글을 쓰기 시작한다.
1975년	카렌 프라이어가 〈Lads before the Wind〉를 쓴다.
1984년	카렌 프라이어가 〈Don't Shoot the Dog〉를 쓴다.
1990년	동물 행동 기업을 은퇴한 마리안과 밥 베일리가 컨설팅과 교육을 계속한다.
1992년	카렌 프라이어, 개리 윌키스Gary Wilkes, 잉그리드 셀렌버거Ingrid Shallenberger가 샌프란시스코에서 첫 번째 클리커 트레이닝 세미나를 개최한다.
1992년	클리커 트레이닝, 조작적 조건형성이 트레이닝 방법으로 받아들여지기 시작한다.
1992-2015년 현재까지	카렌 프라이어가 책, 기사, 컨퍼런스, 비디오, 그녀의 웹사이트 www.clickertraining.com을 통해 교육을 계속하고 있다.
2015년 현재	밥 베일리가 유럽과 일본에서 학생들에게 클리커 트레이닝을 가르치고 있다.

책 속에 나오는 행동심리학 관련 용어 정리 　　　　　◆ 옮긴이주

강화reinforcement
어떤 행동이 다시 일어날 확률을 증가시키기 위한 목적으로 그 행동에 대한 결과를 제공하는 절차를 말한다. 그 행동을 증가시켜주는 수단은 강화물(reinforcer)이라고 한다.

강화 계획reinforcement schedules
어떤 행동을 할 때 일정한 시간 혹은 비율로 그 행동을 강화하는 절차를 강화 계획이라고 한다. 크게 고정 강화 계획과 변동 강화 계획이 있다. 고정 강화 계획은 어떤 행동을 할 때마다 매번 클릭 소리와 먹이 보상을 주는 것을 말하고, 변동 강화 계획은 정해진 행동을 완벽하게 해내기 시작하면 클릭 소리와 먹이 보상을 불규칙하게 주는 것을 말한다. 대부분 행동을 가르치는 초반에는 고정 강화 계획을, 행동을 배운 다음에는 변동 강화 계획으로 바꿔차츰 강화를 줄여나간다.

강화물reinforcer
B.F.스키너는 유기체가 어떤 행동을 한 결과가 스스로에게 유리하면 그 행동을 더 자주 한다는 것을 밝혀냈는데, 이때 행동의 빈도를 높여주는 자극을 강화물이라 한다.

고전적 조건형성respondent conditioning, classical conditioning
행동심리학에서 나온 학습 이론 중 하나로, 우리가 잘 알고 있는 종소리에 침을 흘리는 파블로프의 개가 이 과정에 의해 학습된 것이다. 종소리란 침을 흘리는 반응을 일으킬 수 없는 자극인데 음식과 함께 제시함으로써 결국은 종소리에도 침을 흘리게끔 학습시켰다.

부적 강화negative reinforcer
그 행동을 증가 혹은 유지시키기 위해서 무언가를 '박탈, 제거(negative)' 해서 강화하는 것을 부적 강화라고 하고, 이렇게 어떤 행동에 뒤따라 '박탈, 제거'되었을 때 그 행동을 유지, 증가시키는 자극을 부적 강화물이라 한다. 부정 강화, 음성 강화라고도 한다.

상반 행동incompatible behavior
그 행동과 절대로 동시에 일어날 수 없는 대립되는 행동. 한 상황에서 바람직하지 않은 행동과 바람직한 행동은 동시에 일어날 수 없다. 예를 들면 사람을 무는 것(바람직하지 않은 행동)의 상반 행동은 사람을 물지 않는 행동(바람직한 행동)이다. 즉, 바람직하지 않은 행동을 보일 때는 그 행동의 상반 행동을 찾아 그것을 강화해주면 된다.

연결 자극bridging stimulus
2차 강화물의 또 다른 표현. 이 책에서는 클리커 소리가 연결 자극이다. 그냥 브릿지(bridge)라고도 한다.

유인하기luring
보통은 동물이 특정 행동을 하는 순간을 기다렸다가 행동 포착을 통해 그 행동을 강화하지만, 그 행동을 하기까지 마냥 기다릴 수 없거나, 빨리 진행하고 싶은 경우 먹이 등을 이용해 유도하는 것을 말한다. 유인하기는 한두 번만 쓰고 그만둬야 한다. 그렇지 않으면 뇌물이 없으면 움직이지 않게 되는 부작용이 생긴다.

이벤트 표시물event marker
트레이너가 원하는 행동을 표시해주는 신호이다. 이 책에서는 클리커의 클릭 소리가 이벤트 표시물이다. 2차 강화물, 조건 강화물의 또 다른 표현이다.

1차 강화물primary reinforcer 또는 무조건 강화물
생존이나 생물학적 기능에 중요한 자극 또는 사건으로, 학습이나 훈련 없이도(조건형성이 가해지지 않아도) 강화되는 속성을 가지고 있다. 먹이, 쓰다듬어주기, 놀아주기 또는 그 외 다른 기쁨을 주는 어떤 것을 말한다. 무조건 강화물(unconditioned reinforcer)이라고도 한다.

2차 강화물secondary reinforcer 또는 조건 강화물
처음에는 별다른 의미가 없는 그저 단순한 신호에 지나지 않지만 1차 강화물과 짝지어지거나 밀접하게 결합되면서 강화물이 되는 것을 2차 강화물이라고 한다. 고양이가 착한 행동을 할 때마다 먹이를 주며 "잘했어."라고 말하길 반복하면 결국 고양이는 '잘했어'를 먹이와 동일시 여기게 되는데, 이렇듯 일종의 학습에 의해 만들어지는 것이기 때문에 학습된 강화물이라고도 한다. 작동할 때마다 항상 같은 동작을 하는 것이어야 한다. 이 책에서는 클리커 소리가 2차 강화물이다. 조건 강화물(conditioned reinforcer)이라고도 한다.

정적 강화positive reinforcement
그 행동을 증가 혹은 유지시키기 위해서 무언가를 '제공, 제시(positive)' 해서 강화하는 것을 정적 강화라고 하고, 이렇게 어떤 행동에 뒤따라 '제공, 제시'했을 때 그 행동을 유지, 증가시키는 자극을 정적 강화물이라 한다. 긍정 강화, 양성 강화라고도 한다.

조건형성conditioning
자극과 반응이 서로 연결되도록 만드는 절차. 행동이 습관화, 즉 학습화되는 과정을 말한다. 조건화라고도 한다.

조작operant
B.F. 스키너는 "결과를 일반화시키기 위해 환경에 조작을 가하는 자발적인 행동(1953)"을 표현하기 위해 조작적(operant)이라는 용어를 사용했다. 즉, 원하는 결과를 얻어낼 의도로 자발적으로 환경에 어떤 행동을 하는 것을 말한다.

조작적 조건형성operant conditioning
행동주의 심리학에서 나온 학습 이론 중 하나로 B.F. 스키너에 의해 체계화되었다. 조작적 조건형성이란 유기체가 어떤 행동을 하고 난 뒤 일어나는 결과에 따라 행동이 더 증가하거나 반대로 감소되는 과정을 말한다. 예를 들어 그 행동의 결과가 기분 좋은 것이었다면 그 행동을 할 확률은 더 증가하고 그 행동의 결과가 기분 나쁜 것이었다면 그 행동을 할 확률은 낮아진다.

클리커 장전하기charging the clicker
클리커 소리와 1차 강화물을 연결 지어서 같은 의미로 만드는 것. 즉, 클릭 소리와 동시에 먹이 보상을 주는 과정을 반복하여 '클릭 소리=먹이=즐거운 소리'가 되도록 만드는 과정을 말한다. 2차 강화물 조건형성하기라고도 한다.

클리커 트레이닝clicker training
행동심리학 학습 이론에 기초한 동물 트레이닝 방법으로 바람직한 행동을 포착해서 표시하고 보상해주는 것이 주요 원리다. 행동을 표시하기 위해서 짧고 독특한 '클릭' 소리를 내는 '클리커'라는 도구를 사용하는데 이 소리는 동물에게 그들이 그 순간 바람직한 행동을 하고 있음을 정확히 알려주는 역할을 한다. 정적 강화와 함께 사용되는 이 명확한 의사소통 형태는 안전하며 인도적인 방법으로 모든 종의 동물에게 원하는 행동을 효율적으로 가르칠 수 있다. 반드시 클리커일 필요는 없다. 행동을 표시해줄 만한 소리나 자극을 일관되게 만드는 다른 기구(호루라기, 병뚜껑, 불빛 등)도 사용할 수 있다.

타임아웃time out
문제 행동을 없애기 위해 일정 기간 동안 정적 강화물을 차단하는 것을 말한다.

탈감각화desensitizing
어떤 대상이나 물건, 사건에 대한 공포심을 점차 둔화시켜 결국은 최소화 또는 완전히 제거시키는 행동 수정 기법 중 하나를 말한다. 둔감화, 탈감작, 탈감작화라고도 한다.

행동연결하기chaining
별개의 두 행동을 연결해서 하는 것을 말한다.

행동포착하기capturing
바람직한 행동을 하는 순간을 마치 사진을 찍듯이 클리커를 눌러 포착하는 것을 말한다.

행동형성하기shaping
하나하나 조각을 통해 완성된 작품을 만들어내듯 여러 단계를 거쳐 최종적으로 목표한 행동을 만들어니가는 깃. 즉 원하는 행농에 점차 근접해가는 행동들을 강화해나가는 과정을 말한다.

찾아보기

참고문헌

Bailey, Robert and Arthur Gillaspy, "Operant Psychology Goes to the Fair: Marian and Keller Breland in the Popular Press, 1947–1966," The Behavior Analyst 28 (2005):143–159.

Bailey, Robert and Marian Bailey. Patient Like a Chipmunk. DVD. Eclectic Science Productions, 1994.

Johnson-Bennett, Pam. Starting from Scratch. New York: Penguin Books. 2007.

Kurland, Alexandra. Clicker Training for Your Horse. Waltham, MA: Sunshine Books, 2007.

Pryor, Karen. Lads before the Wind. Waltham, MA: Sunshine Books, 2000.

Pryor, Karen. Don' t Shoot the Dog. New York: Bantam Books, 1999.

Pryor, Karen. Reaching the Animal Mind. New York: Scribner, 2009.

Skinner, B.F. The Behavior Organisms: An Experimental Analysis. Acton, MA: Copley Publishing Group, 2006.

사진저작권

강아지 고양이 연구소
페티앙북스

강아지, 고양이와 함께하는 행복한 삶을 연구합니다.
2001년부터 반려동물 전문교양지 '페티앙'을 출간해 오던 페티앙이
2010년 페티앙북스로 이름을 바꾸고 동물 단행본 전문 출판사로 거듭났습니다.
반려동물과의 행복한 삶을 위해 공부하는 분들을 위해 정성을 담은 책을 만들겠습니다.

'동물'과 관련된 멋진 기획안과 원고를 기다리고 있습니다.
petianbooks@gmail.com으로 원고를 보내주세요.

고양이 클리커 트레이닝 칭찬으로 문제행동 수정하기

1판 1쇄 발행 | 2016년 1월 10일
1판 4쇄 발행 | 2022년 9월 1일

지은이 | 마릴린 크리거
옮긴이 | 김소희

발행인 | 김소희
발행처 | 페티앙북스
편집고문 | 박현종
교정교열 | 정재은
마케팅 | 김은수

출판등록 | 2010년 4월 9일 제 321-2010-000073호
주소 | 서울시 서초구 서초3동 현대 ESA-II 107호
전화 | 02.584.3598   팩스 | 02.584.3599
이메일 | petianbooks@gmail.com
블로그 | www.PetianBooks.com
페이스북 | www.facebook.com/PetianBooks
인스타그램 | www.instagram.com/petianbooks

ISBN | 979-11-955009-1-8 13490